KAÏNON – ANTHROPOLOGIE DE LA PENSÉE ANCIENNE
sous la direction de Marie-Laurence Desclos
et Maria Cecilia D'Ercole
29

Natura

Ouvrage publié avec le soutien de l'UMR 8210 ANHIMA
(Anthropologie et Histoire des Mondes Antiques)

Natura

Approches anciennes, enjeux contemporains

Sous la direction de Maria Cecilia D'Ercole,
Silvia D'Intino et Florence Gherchanoc

PARIS
CLASSIQUES GARNIER
2025

Maria Cecilia D'Ercole est directrice d'études à l'EHESS et directrice du Centre ANHIMA. Professeure invitée dans plusieurs institutions internationales (Getty Research Institut, universités de Virginie, de Bejing, Trinity College), elle a notamment publié *Histoires méditerranéennes. Aspects de la colonisation grecque en Occident et dans la Mer noire (VIII-IVe siècles av. J.-C.)* (Arles, 2012) et *Naissance de la Grèce. De Minos à Solon, 3200-510 av. J.-C.* (Paris, 2023) avec Julien Zurbach.

Silvia D'Intino est indianiste, chargée de recherche au CNRS, directrice adjointe du Centre ANHIMA. De la poésie védique à la réception du Veda, la philologie indienne est au cœur de son travail, ainsi que l'anthropologie comparée. Elle a récemment publié *Yogasūtra. Aphorismes sur la Voie* (Paris, 2021) et co-dirigé les ouvrages *L'espace du sens. Approches de la philologie indienne* (Paris, 2018), *La vie prénatale. Destin, identité, mémoire* (Grenoble, 2023), *Visages du dharma* (Paris, 2023).

Florence Gherchanoc est professeure d'histoire grecque à l'Université Paris Cité et directrice adjointe du Centre ANHIMA. Ses recherches portent sur l'histoire de la famille, du corps et du vêtement en Grèce ancienne, dans une perspective anthropologique. Elle a notamment publié *L'oikos en fête. Célébrations familiales et sociabilité en Grèce ancienne* (Paris, 2012) et *Concours de beauté et beautés du corps en Grèce ancienne. Discours et pratiques* (Bordeaux, 2016).

ISBN 978-2-406-17484-4 (livre broché)
ISBN 978-2-406-17483-7 (livre relié)
ISSN 2428-7903

ABRÉVIATIONS

CIL	*Corpus Inscriptionum Latinarum*
IG	*Inscriptiones Graecae*
LIMC	*Lexicon Iconographicum Mythologiae Classicae*
LSCG	*Lois Sacrées des Cités Grecques*
SEG	*Supplementum Epigraphicum Graecum*

PENSER LA NATURE, ENTRE PASSÉ ET PRÉSENT

En guise d'introduction

> Mais ceux qui, pour l'étranger et pour l'habitant du pays, rendent droite justice et jamais ne s'écartent de la justice, voient s'épanouir leur cité, et, dans ses murs, sa population devenir florissante. Sur leur pays s'épand la paix nourricière de jeunes hommes, et Zeus au vaste regard ne leur réserve pas de guerre douloureuse. Jamais ces hommes de droite justice ne sont suivis par la famine ni des désastres : ils partagent dans les festins les fruits de leur travail. Pour eux la terre porte en abondance la nourriture de vie, sur les montagnes le chêne porte les glands en son sommet et les abeilles en son milieu ; leurs brebis laineuses sont alourdies par leur toison ; leurs femmes engendrent des enfants semblables à leurs parents ; ils s'épanouissent en prospérités sans fin ; ils ne partent pas sur des bateaux mais leur terre labourée est féconde en moissons.
>
> Mais pour ceux qui au contraire ne songent qu'à la démesure malsaine et aux œuvres viles, Zeus au vaste regard, le Cronide, leur réserve sa justice. Souvent même, une cité tout entière paie pour un méchant qui s'égare et trame des horreurs. Sur eux, du haut du ciel le Cronide fait tomber une immense calamité, peste et famine. Les hommes se meurent, les femmes cessent d'enfanter, les maisons dépérissent par le dessein de Zeus Olympien [...][1]

Au VIIe siècle avant notre ère, Hésiode, premier poète grec à parler en son nom propre, proteste contre l'injustice des gouvernants de son temps – des rois qualifiés de « dévoreurs de présents » parce qu'ils ne pensent qu'à s'approprier des cadeaux qu'on pourrait leur faire pour obtenir une décision en sa faveur, même si on a tort – et exprime son mécontentement en sollicitant l'idée de nature. La crise politique se traduit, en effet, sous la forme d'une catastrophe que nous dirions naturelle (peste, famine, grêle, gel, pluie et torrents dévastateurs, inondations, etc., non renouvellement des générations, mort et désolation), mais qui

1 Hésiode, *Les travaux et les jours*, v. 225-237 ; 238-245, trad. P. Mazon (modifiée), Paris, Les Belles Lettres, 1928.

est perçue par les Grecs religieusement, comme la manifestation de la colère des dieux, frappant les hommes, les troupeaux et la terre. Ces dérèglements « naturels » atteignent la communauté dans son ensemble, et appellent une réponse d'elle. Ce lien étroit établi entre la justice, la politique et le bonheur de la cité renvoie ainsi aux liens entre l'humanité et son environnement naturel. De fait, nombre de textes littéraires et poétiques soulignent cette préoccupation humaine et ce rapport entre mauvaise politique, mauvaise justice et désastre « naturel » – et ce dès l'épopée homérique[2].

De longue date, la Nature constitue un bon objet pour penser le monde, les sociétés humaines, leur organisation tant politique, sociale, économique que religieuse à travers les rapports à leur environnement. Au centre de cette relation se trouvent, entre autres, les questions relatives à la faune et à la flore, ainsi qu'au territoire nourricier de la cité. Dans ce contexte, la domestication des espaces se pose, à l'aune de laquelle se construit progressivement un discours qui oppose le cultivé, la civilisation, au monde sauvage ou à l'exubérant qui caractérise, par exemple, la végétation dans les mondes lointains et barbares. La Nature permet notamment de penser l'Autre[3]. Dans ce rapport, émergent également des problèmes liés aux usages, à l'appropriation, à la dégradation ou encore la protection des territoires naturels. Des règlements témoignent de cette attention portée à la préservation d'espace naturels en raison de leur caractère sacré – eaux, bois et bosquets – sous peine d'amende[4]. La

2 *Cf.* aussi, sur les inondations, Homère, *Iliade*, XVI, 384-392 : « Parfois, sous la tourmente, la terre apparaît sombre et tout écrasée, dans un de ces jours d'arrière-saison où Zeus déverse l'eau du ciel avec le plus de violence, pour manifester sa colère aux mortels à qui il en veut, à ceux qui, sur la grand place, brutalement prononcent des sentences torses et bannissent la justice, sans souci du respect dû aux dieux. Ceux-là voient à ce moment leurs fleuves couler à pleins bords, et les pentes de leurs terres ravinées par les torrents, qui, se précipitant du haut des montagnes, vont avec une longue plainte verser leurs eaux dans la mer bouillonnante, laissant les champs des hommes dévastés » (trad. P. Mazon, Paris, Les Belles Lettres, 1938) ; aussi *Odyssée*, XIX, 109-114. Sur les catastrophes naturelles, voir, en dernier lieu, Calini, 2024.

3 Voir par exemple Brulé, 1995.

4 Voir Le Guen-Pollet, 1991, à propos de la protection des eaux du sanctuaire d'Héraclès à Athènes vers 420 avant notre ère (p. 60-61), de la protection des arbres qu'il est interdit de couper dans le sanctuaire d'Apollon Erithaseos en Attique à la fin du IVe siècle avant notre ère (p. 64-66), la protection de la verdure à Chios dans les bosquets sacrées au IVe siècle avant notre ère, avec une interdiction de paître qui frappe les animaux (p. 67-69).

Nature est également au centre d'interrogations et de réflexions sur les cosmologies, le fonctionnement des astres et leurs révolutions. En tant que principe dynamique, elle permet la mise en ordre (*kosmos*) des parts, des lots du monde, des hommes et des choses – de la fragmentation ou unité du tout. Elle constitue une clé de lecture des liens entre la Terre, le Ciel, les hommes et les dieux, et conduit à l'élaboration de discours scientifiques et techniques sur la perception et la compréhension des phénomènes atmosphériques (nuages, précipitations, vents, arcs en ciel). Plus largement, elle est au centre d'une philosophie et d'une médecine attentives aux phénomènes et signes environnementaux dans leur interaction avec les êtres vivants. Autrement dit, la Nature/nature structure l'univers mental et culturel des Anciens.

Pour autant, le terme « nature » (avec une majuscule ou non) que nous utilisons pour caractériser ces différents aspects renvoie, dès l'Antiquité, à une notion polysémique. Ici, nous retiendrons au moins deux acceptions qui se complètent et s'entrecroisent. La Nature définit, d'une part, des lieux concrets caractérisés par leur topographie, au plus large la Terre et l'Océan qui donnent lieu à des représentations du monde cartographiées dès l'époque archaïque avec Anaximandre et Hécatée de Milet pour le monde grec, reprises et amplifiées par les Romains[5]. Elle qualifie des territoires, des paysages (de plaine, de montagnes, marins, fabuleux et exotiques comme par exemple chez Hérodote et Xénophon[6], ou bien idylliques comme dans les *Bucoliques* de Virgile…) et des climats, autrement dit des milieux « naturels ». Ces espaces sont pourvus d'une certaine agentivité. Ils agissent sur les caractères physiques et comportementaux des humains, comme l'atteste le traité hippocratique *Airs, eaux, lieux*, daté vers 430 avant notre ère, où le partage entre Europe et Asie se construit tout d'abord sur des différences « naturelles » : l'Europe diffère de l'Asie au plus haut point « par la nature de toute chose, aussi bien des plantes qui poussent du sol que des hommes ». En Asie, tout est plus beau et plus grand. « Mais le courage, l'endurance, le goût de l'effort et la fougue ne sauraient exister en une telle nature[7] ». De même, la description des Germains faite par Tacite est largement redevable à leur

5 Comme Cl. Nicolet l'avait bien montré dans un ouvrage désormais classique (Nicolet, 1988).

6 Voir par exemple Casevitz, 1999 sur Hérodote et Thucydide ; Brulé, 1995 sur Xénophon.

7 Hippocrate, *Airs, eaux, lieux*, XII et XII, 6 pour la citation (trad. J. Jouanna).

milieu naturel inhospitalier, qui forge et renforce leur tempérament[8]. Les espaces sont aussi dotés d'une sensorialité modelée par des sons, des couleurs, des odeurs, de la beauté et du plaisir qui sont souvent les manifestations du divin ou au contraire de la laideur et de l'hostilité qui les caractérisent[9]. La Nature renvoie donc à une géographie et à des milieux, dans lesquels interagissent les hommes avec leur environnement et où prennent place les actions humaines. Elle revêt, d'autre part, un sens philosophique et scientifique puisqu'elle représente « tout ce qui dans l'univers, existe et se produit spontanément, sans l'intervention de l'Homme, et qui est régi par des lois établies[10] ».

Au cœur des dynamiques de proximité et de distance, d'identification et de réflexivité qui relient le monde contemporain aux sociétés du passé, le concept de « nature » s'impose par sa richesse polysémique et, pourrait-on affirmer, par son urgence. La réflexion sur les milieux naturels et leurs transformations, sur le monde sensible et ses rapports avec le divin, les relations entre les êtres vivants et les ressources, ont trouvé leur place dans la pensée, dans les coutumes et dans les pratiques anciennes. Ainsi, le regard des spécialistes des mondes anciens, historiens et philologues, anthropologues et juristes, iconologues et philosophes, peut suggérer des nouvelles perspectives et apporter de nouvelles pièces au débat contemporain.

Depuis longtemps exploré dans le Centre de recherche ANHIMA (*Anthropologie et histoire des mondes antiques*) par des travaux individuels et collectifs qui ont donné lieu dernièrement à deux dossiers parus dans les revues *Cahiers Mondes Anciens* en 2017[11] et *Mètis* en 2022[12], le thème de la « nature » ne cesse de suggérer de nouvelles approches et de susciter de nouvelles réflexions pour les spécialistes des mondes anciens, comme un bilan récent le montre bien[13]. L'enquête, lancée au sein de notre laboratoire pour le présent volume, est partie d'une

---

8 Tacite, *La Germanie*, IV-VI ; XLV et *passim*.

9 Voir entre autres Brulé, 2012 ; Grand-Clément, 2023, et par exemple, p. 396-399, sur la nature et les synesthésies rituelles.

10 Martin, 1999, p. 7.

11 Valette-Wyler, 2017.

12 Vârtejanu-Joubert, 2022.

13 Bonanno-Bonnet, 2018.

évidence. Malgré des écarts importants entre la signification moderne des mots et leurs significations anciennes, des résonances indéniables subsistent, dans des domaines cruciaux, entre les sociétés du passé et du présent. En adressant cette enquête aux chercheurs de tous les domaines disciplinaires du Centre ANHIMA, nous avons accueilli des propositions de jeunes docteurs et de chercheurs confirmés, ouvertes sur plusieurs aires culturelles, entre Orient et Méditerranée, et sur la longue durée. Le format concis des contributions a permis de tisser une trame dense, dans laquelle les différentes thématiques se croisent sans toutefois prétendre à une exhaustivité qui serait impossible ni à une totale cohérence ou à une seule ligne interprétative. Plusieurs sujets et thèmes de recherche se côtoient et se répondent dans ce volume, conçu dès le début comme un ensemble polyphonique : l'interaction avec le milieu naturel, l'essor du concept de nature, le statut juridique des biens, les interdictions rituelles et sacrées, les usages visuels des éléments naturels, les projections modernes sur le paysage antique… Au fil des pages, ces thématiques communes tracent des parcours de lecture, suggèrent des analogies et des écarts, entre passé et présent, dans cette configuration dialectique qui caractérise notre relation avec les mondes antiques.

Aussi, pour commencer, le sens même des termes s'inscrit-il d'emblée dans ces dynamiques de proximité et de distance : peut-être jamais comme dans ce domaine, les faux amis foisonnent, les mots étant à la fois proches et différents. La richesse polysémique de la notion grecque de *phusis* ne saurait nullement se réduire au sens moderne de « nature[14] » : plusieurs interventions dans le volume soulignent ce constat important, qui a fait l'objet d'analyses éclairantes de la part de spécialistes de la pensée et de la philosophie antiques. En effet, s'il est vrai que, comme Arnaud Macé l'a souligné dans ses travaux, une définition de la nature, *phusis*, comme un ensemble comprenant à la fois des êtres animés (animaux, plantes) et des choses inanimées, apparaît déjà au IVe siècle avant notre ère dans les écrits platoniciens[15], cette définition de la *phusis* est loin d'être exclusive ou dominante. Pour les auteurs plus

14 Sur la complexité de la notion d'ordre naturel et de « nature » dans les langues anciennes, du grec au latin au sanscrit (*phusis, natura, dharma*) : Daston, 2019, p. 8-10.

15 Macé, 2012, p. 47-52. Pour le passage de Platon : *Sophiste*, 265c.

anciens, parfois encore au ve siècle avant notre ère, le mot indique plutôt une « propriété distinctive » des êtres vivants et des choses inanimées, incluant aussi bien les « caractéristiques physiques que les mœurs et les relation 'sociales'[16] ». Autrement dit, le grand partage entre naturel et social est loin d'être une évidence pour les premiers penseurs et auteurs grecs. Qui plus est, ces qualités « naturelles » ne sont guère descriptives et immuables ; bien au contraire, elles désignent une agentivité et un dynamisme implicite dans la racine du substantif et du verbe, *phuein*, qui indique plus largement la capacité de croissance, propre des êtres vivants et plus particulièrement des végétaux[17]. À partir de ces présupposés, la contribution d'Alessandro Buccheri dans ce volume offre une anthropologie des usages du mot *phusis*, qu'il soit appliqué, au ve siècle avant notre ère, aux théories cosmologiques du philosophe Empédocle ou bien à la croissance du corps humain dans les traités hippocratiques du ve siècle, ou bien encore à la pensée de la filiation et de la généalogie qui constitue, des vers de Théognis (vi^e^ siècle) à ceux de Pindare (ve siècle), une manière de décrire et de classer les sociétés et les groupes qui les forment. Un autre exemple de cette *phusis* anthropologique, appliquée cette fois à la notion de nature humaine, est donné par la contribution de Cleo Carastro, qui analyse son emploi dans les écrits de Thucydide par rapport à une situation spécifique, à savoir la déchirure introduite dans la cité par la *stasis*, le conflit interne. Malgré l'insistance des Modernes, depuis la traduction anglaise de la *Guerre du Péloponnèse* par Thomas Hobbes (1629), sur la vision négative et immuable de la nature humaine dans son état originel, qui justifierait le passage à un ordre social fondé sur un contrat, le concept de *phusis* chez Thucydide apparaît, dans cette nouvelle lecture, bien plus malléable et capable d'interaction avec son contexte, en mesure aussi de changer et se développer. En reprenant l'idée de croissance à la fois physique et immatérielle propre à la notion grecque de *phusis*, Claude Calame, revient sur quelques étapes saillantes d'une séparation dualiste entre nature et culture qui est, on l'a vu, étrangère au monde grec, mais qui devient explicite dans la pensée européenne tout au moins depuis le rationalisme de René Descartes. Sur la longue durée, cette

16 Macé, 2012, p. 53.

17 Macé, 2012, p. 60-66, sur les relations complexes entre le verbe et le substantif qui en désigne le résultat.

séparation conduit au renversement des paradigmes que l'on constate dans l'Anthropocène, où la rencontre de la pensée technique avec la puissance du capitalisme produit un contraste affirmé entre nature et culture. Toutefois, si les Grecs n'ont pas institué une opposition tranchée entre les mondes naturel et social, ils ont pris la distance suffisante pour inaugurer une pensée sur la nature. Leopoldo Iribarren retrace les premiers développements de la réflexion née dans les milieux ioniens des VIIe et VIe siècles avant notre ère : Thalès, Anaxagore, Anaximène cernent un objet d'investigation et fondent en même temps une tradition spéculative où, comme le remarquera Aristote deux siècles plus tard, les différentes théories se répondent en dialogue.

Entre ordre naturel et social, la voie choisie par les juristes romains est tout particulièrement féconde de suggestions. S'ils sont conscients de l'existence d'un ordre naturel, dans lequel tous les êtres humains sont libres à la naissance, ce qui n'est pas sans évoquer aux esprits des contemporains quelques principes fondateurs des constitutions modernes, leur doctrine juridique est basée sur une dichotomie anthropocentrique selon laquelle l'être humain est non seulement supérieur aux autres êtres vivants et à son environnement, mais où l'asymétrie même entre les êtres humains fonde l'ordre social. Comme l'explique Dario Mantovani, on peut théoriser la pratique de l'esclavage tout en admettant, en vertu d'un ordre naturel originel et presque en dehors de l'histoire, que l'esclave ait l'autonomie juridique suffisante pour conclure un contrat. Dans ce même domaine, l'analyse de Clara Berrendonner montre la fausse proximité qui relie une phrase d'un juriste d'époque romaine impériale, Marcien, aux théories sur les biens communs au cœur du débat actuel sur la croissance et le droit d'exploitation des ressources. En recontextualisant l'affirmation du juriste, qui apparaît au premier abord d'une modernité surprenante, l'on comprend son souci prioritaire, qui était l'identification des biens (*res*) qui échappent à la propriété individuelle. Il en reste que, sans être le précurseur des théories contemporaines sur le développement et sur le partage, le juriste romain a entrouvert une fenêtre sur un domaine qui sera exploré des siècles plus tard, avec les issues que l'on connaît à notre époque.

Pourtant, l'opposition entre ordre naturel et ordre social sur laquelle se fondent les doctrines juridiques romaines ne va pas de soi selon d'autres approches et pour d'autres auteurs. C'est le cas de Lucrèce dans la lecture proposée par Pierre Vesperini, soulignant comme le poète de l'ordre naturel se veut en réalité le poète de « toutes les choses », *res*, qu'elles soient matérielles ou abstraites ; sa posture abolirait ainsi la distance entre nature et culture, puisque la nature devient d'emblée « culturelle ». Les doctrines religieuses apportent encore un autre point de vue, notamment au moment de la confrontation entre la vision polythéiste romaine et le récit chrétien de l'ordre naturel, qui est retracée par Benoît Rossignol à partir d'une célèbre controverse qui eut lieu entre la fin du IVe et le tout début du Ve siècle de notre ère, entre le préfet païen Symmaque et le chrétien Prudence. Si le premier revendique l'efficacité de la pratique polythéiste où le rituel établit un lien avec le surnaturel, en mesure d'infléchir les phénomènes naturels, la disette en l'occurrence, le deuxième se situe dans un horizon où la chute et la perte de l'Éden ont rompu l'unité originelle entre l'homme et le monde naturel. Ainsi, ce dernier est désormais doté de ses propres rythmes et lois de fonctionnement, où la famine n'est plus un « prodige », un événement exceptionnel, mais un phénomène récurrent que l'homme doit être en mesure de prévenir et contrecarrer.

Un autre fil rouge traverse plusieurs contributions, à savoir l'action de l'homme sur le milieu naturel et *vice versa*, les conséquences de tels choix et leurs justifications, qu'elles soient théoriques ou matérielles. Alain Schnapp souligne la valeur de la chasse dans la cité grecque, non seulement en tant que pratique héroïque mais aussi comme fondatrice d'un ordre propre à l'être humain, qui affirme ainsi sa supériorité sur les autres êtres vivants, rend hommage aux dieux[18] et empêche l'allélophagie qui demeure, quant à elle, le propre des animaux. En un mot, cette pratique établit un ordre proprement politique, puisque celui-ci appartient à la communauté entière de la *polis*. Toutefois, au sein de ce consensus collectif, des voix se lèvent, déjà aux VIe et Ve siècles avant notre ère, dans la cité de Pythagore et d'Empédocle, puis à l'époque impériale romaine, lorsque les traités philosophiques de Plutarque (IIe siècle) et de Porphyre (IIIe siècle) viennent théoriser avec la force de la pensée stoïque le refus de la consommation de viande. Qui plus est, ce discours aboutit même,

18 Sur la pratique du sacrifice sanglant, voir les pages désormais classiques de Detienne, 1979 ; Vernant, 1979.

chez certains auteurs d'époque romaine, tel Ovide (*Met.* XV, 121-142), au rejet de la violence sur les animaux et à un plaidoyer pour le respect qui leur est dû en vertu de la quasi parenté entre êtres vivants[19]. Nous ne serons jamais en mesure d'évaluer l'impact de ces théories antiques sur leurs contemporains, ni la diffusion réelle de telles pratiques végétariennes, ni enfin leur caractère subversif ou simplement alternatif par rapport à l'ordre social constitué[20]. Il est toutefois certain qu'il faudra attendre plusieurs siècles pour retrouver en Occident un discours aussi cohérent sur l'abstention de la viande : en effet, au-delà de quelques incitations épisodiques à l'abstinence, la position chrétienne théorisée par exemple par Thomas d'Aquin, en affirmant la domination de l'homme sur les animaux, légitime la consommation de la viande. Ce n'est qu'à la fin du XVIIe siècle qu'on revient à une théorie de l'abstinence de la viande animale, tout d'abord sur la base de considérations hygiénistes, telles qu'elles sont exprimées dans le traité de Thomas Tryon, *The Way to Health, Long Life and Happiness* (1683)[21].

En Inde ancienne, la place du brahmane dans la société est non seulement celle de ministre du culte, mais aussi de gardien de la « pureté », dont l'abstinence de la consommation de toute viande est une marque distinctive. Le végétarianisme est l'expression d'un impératif éthique dans le bouddhisme et le jaïnisme, en réponse au sacrifice animal, mais aussi en accord avec le respect de la vie, la « non-violence » (*ahiṃsā*) envers tout être vivant. La complémentarité dialectique entre sacrifice et ascétisme, cet espace des hommes qu'est le « village » (et non pas la « cité » comme en Grèce) et l'altérité sauvage de la « forêt », est centrale dans la pensée védique[22] ; là encore, le rituel offre les moyens pour

19 Paradoxalement, l'empathie avec la victime caractérise la pratique de la chasse aux grands mammifères, avec lesquels le chasseur peut s'identifier ; voir Burkert, 2005, p. 33 « La proie se transforma donc en victime sacrificielle. De nombreux observateurs ont parlé de ce lien presque fraternel que les chasseurs éprouvent pour l'animal [...] ».

20 Voir à ce sujet le livre récent de Kovacs, 2022, qui nuance la marginalité des pratiques végétariennes dans les sociétés anciennes pour souligner, en revanche, la variété des pratiques admises au sein de la cité où, par exemple, le sacrifice sanglant s'accompagne d'autres types d'offrandes.

21 Sur ces thématiques et sur la naissance d'un mouvement organisé sur le végétarisme et sur son impact sur la santé et l'environnement, voir Whorton, 2000, p. 1554-1563.

22 Ce découpage entre « village » et « forêt » traverse toute l'idéologie brahmanique. Voir Malamoud, 1989, p. 93-113.

dépasser, ou plutôt, pour intégrer l'altérité[23]. La contribution de Silvia D'Intino met l'accent sur les liens qui construisent un espace symbolique signifiant : le poteau sacrificiel marque la limite intérieure et extérieure entre village et forêt ; la plante sauvage *soma* est aussi un dieu au même nom ; enfin la forêt elle-même, divinisée et féminisée dans un hymne d'une beauté singulière du corpus védique, loin d'être un espace de non-retour, est un lieu d'apprentissage où l'on peut finalement entrer sans se sentir étranger, un lieu de « dépouillement » révélateur, où l'on se reconnaît plus semblable à l'« animal », ayant tout à apprendre de la nature, qu'à l'homme en tant qu'« acteur » social.

Les configurations multiples de l'interaction avec les espaces et les milieux, ainsi que leurs impacts matériels et symboliques sont esquissées dans plusieurs contributions au volume. La transformation des milieux inhospitaliers représente un souci constant au fil de l'histoire, que Laura Déchery aborde pour une microrégion littorale de l'Italie préromaine, où la domestication du territoire ouvre la voie à l'exploitation durable des ressources naturelles et aux pratiques qui en découlent, telle la viticulture. Cecilia D'Ercole analyse l'attitude particulière qui appartient à la société grecque et encore plus au monde romain, qui consiste à intervenir lourdement sur la conformation naturelle du paysage : des isthmes transformés en îles et *vice versa*, des montagnes ravagées pour chercher les métaux « jusqu'aux viscères de la terre », selon la célèbre expression de Pline l'Ancien. Yann Rivière étudie la conquête des mers et notamment de l'espace infini de l'Océan par les Romains. L'image tacitéenne des *raptores orbis*[24] surgit ici naturellement, désignant cette attitude d'appropriation et parfois de prédation qui est si souvent attestée dans les relations entre les hommes et leurs milieux. Mais si la nature constitue un objet d'appropriation tout au long de l'Antiquité, c'est aussi dans le but de maîtriser les aspects d'une « puissance » qui échappent toujours à l'homme[25]. L'hospitalité de la Terre est rarement une donnée

---

23 L'Inde connaît une pensée de la nature depuis l'Antiquité ; voir dernièrement Montaut, 2024.

24 Sur laquelle voir la belle contribution de Bonandini, 2017, qui souligne notamment la valeur rhétorique de l'expression chez Tacite et la longue postérité qu'elle a connue chez les auteurs modernes, avec des écarts sémantiques parfois considérables.

25 Sur la terre en tant que "puissance" divine, voir Bonnet, Belayche, Albert Llorca, Avdeeff, Slobodzianek, 2017, notamment les contributions réunies au ch. 5.

initiale, plutôt le fruit d'un « aménagement » constant, voire d'un pacte entre les hommes et les puissances divines entretenu par des rites et des cultes appropriés. Même dans l'approche plus matérielle de l'environnement et du paysage, le symbolique et le sacré ne sont jamais lointains. Le culte de la nymphe Marica, qui tirerait son nom de l'indo-européen *mari* (lagune, marécage), est implanté à l'embouchure du fleuve Garigliano ; la popularité de cette association entre élément naturel et croyance défie plusieurs siècles. L'idée de la faute liée à l'*hubris* (démesure), au dépassement des limites, volontiers associée à la figure des tyrans et des despotes, accompagne les exploits technologiques les plus admirés, et trouve son archétype symbolique dans le vol du feu par Prométhée, acte fondateur de toute avancée technologique. L'appropriation des mers et notamment de l'Océan par les Romains est une conquête à la fois concrète et intellectuelle, militaire et géographique, en mesure de mobiliser et accroître plusieurs formes de connaissance, de l'art de la guerre à la description de la terre, jusqu'aux solutions techniques pour maîtriser les vents et les courants.

Les progrès techniques et technologiques ne doivent pas faire oublier la sacralité première de la terre, ce dont parle Platon dans les *Lois* et qui impose à tout homme de la respecter (aussi bien ses ressources vitales que ses « chemins » anciens, en un mot de ses « mémoires[26] ») – une tâche qui incombe à l'homme depuis l'Antiquité : « En ce qui concerne les offrandes aux dieux, il faut qu'un homme mesuré érige des offrandes mesurées. Eh bien, la terre et le foyer de la maison sont pour tous les hommes des sanctuaires (*hiera*) de tous les dieux [...][27] ». Dans la trame de relations et d'interactions symboliques et matérielles entre l'homme et le milieu, une catégorie joue un rôle essentiel, à savoir la capacité de construire des identifications et une sémiotique complexe, qui relie le monde naturel, l'espace humain et le divin. Le volume en offre plusieurs exemples issus d'aires culturelles et périodes très divers. Pour les peuples mésopotamiens, le nom d'Utu, puis de Shamash, désignent à la fois le Soleil et une divinité : les deux partagent

26 Allusion au titre de l'ouvrage *Mémoires de la Terre* (Koch-Piettre, Journet, Liberski-Bagnoud, 2019).

27 *Lois* XII, 955e. Passage cité par R. Koch-Piettre en introduction à Koch-Piettre, Journet, Liberski-Bagnoud, 2019. Le contexte de ce passage mystérieux est celui de l'interdiction d'une double consécration, la terre étant toujours déjà consacrée.

une action positive pour les hommes, et deviennent la métaphore du pouvoir bénéfique du souverain (Thibaud Nicolas). Mais encore, le Soleil (dieu et astre) accompagne et oriente le voyage des hommes et permet de franchir les frontières entre monde urbain et sauvage, avec cette même fonction que le rituel établit, nous l'avons vu, pour les espaces de l'Inde védique.

Ces liens et identifications sont parfois inattendus. L'analyse linguistique et philologique menée par Matilde Garré et Sophie Minon retrace les analogies entre le radical du nom grec du bœuf, l'ethnique des Béotiens et plusieurs anthroponymes de la région qui ont été construits autour du même radical. La racine onomastique commune affiche ainsi la proximité avec cet animal qui a une visibilité déjà prononcée dans les poèmes d'Hésiode, ce Grec de l'Est implanté en Béotie. Parallèlement, dans l'Athènes classique étudiée par Sonia Darthou, cette identification avec les éléments naturels trouve sa sublimation dans les relations à la fois personnelles et politiques qui relient les Athéniens à la plante de l'olivier. Préféré à l'eau salée dans la dispute entre Athéna et Poséidon pour le patronage sur la cité, l'olivier est dès lors élevé en symbole de plusieurs rites de passage individuels – naissance, serment des éphèbes… – et représente, que ce soit sur les boucliers ou sur les monnaies, l'ensemble de la communauté civique et politique.

Il reste, enfin, la force d'invention et d'illusion que les éléments naturels suggèrent et dont ils font l'objet, dans une élaboration conceptuelle qui à tour de rôle vise l'imitation, la reproduction ou la réinvention, si ce n'est toutes ces postures à la fois. Ainsi, le monde naturel est souvent un monde imagé. La *rusticitas*, la simplicité naturelle d'un âge d'or en dehors de l'histoire, caractérise selon Ovide la Rome du passé (Marion Faure). Deux millénaires plus tard, un paysage méditerranéen figé dans sa lumière est considéré comme le principe générateur de tout l'art grec à partir de la préhistoire, en mesure d'expliquer ses différences profondes avec l'art nordique ; c'est la conviction de Christian Zervos et des intellectuels de son entourage, architectes, peintres ou critiques d'art, comme la contribution d'Eleni Stavroulaki le souligne.

L'appropriation esthétique des mondes naturels présente plusieurs issues possibles. Loin d'être de simples décors, les ornements floraux, étudiés par Nikolina Kei, deviennent pour les peintres de l'Athènes classique une partie intégrante de leur vision esthétique, en mesure de définir des espaces, d'affirmer une conception du *kosmos* et de rentrer même au cœur de l'action, par l'onomastique des personnages représentés, telle la jeune *Antheia*, la Fleurie. De la Grèce classique à la Rome impériale, les jeux des enfants, tels qu'ils apparaissent dans les mobiliers funéraires, dans les textes et dans les images, s'approprient des éléments naturels (cailloux, osselets, sable...) et les transforment, en accomplissant des rituels de remplacement (la pomme sacrifiée en lieu du bœuf) ou en représentant même des phases de la vie, telle la grossesse (Véronique Dasen). Ces inventions et contrefaçons de l'état de nature ne sont pas sans rappeler la polysémie du *cultus*-parure des femmes chantées par Ovide, où le *cultus* féminin vient modifier les effets du temps, tout comme le *cultus* des agriculteurs adoucit la nature et apporte des fruits (M. Faure). Enfin plusieurs éléments de ce dialogue entre espace naturel et espace artificiel convergent dans une extraordinaire peinture romaine (Ier siècle de notre ère) conservée à Naples. Comme le montre l'analyse de Stéphanie Wyler, la polysémie des significations et des couples dialectiques (mythe-réalité, sacré-humain, berger-héros, ruine-nature, sauvage-domestique...) coexistent dans une trame dense qui suggère aux spectateurs, anciens et modernes, plusieurs sens et niveaux de déchiffrement.

Ainsi, à travers une pluralité de documents et de cas de figure, nous avons parcouru certaines approches des Anciens sur les concepts et les usages de l'espace et de l'environnement, des phénomènes naturels et des êtres vivants, qui montrent le caractère complexe et souvent contradictoire de ces modalités de réflexion et d'action, que les Modernes ont trop souvent voulu figer ou sur lesquels ils ont voulu projeter leurs propres convictions. Or, cette trame complexe ne se laisse pas réduire à une simple formule, comme le montrent bien la richesse sémantique des mots ainsi que la diversité des outils de réflexion et des modalités d'action. C'est pourquoi, si le partage entre nature et culture[28] n'est

28 La référence est à l'ouvrage de Descola, 2005, mentionné dans plusieurs contributions du volume.

pas le propre des sociétés anciennes, des formes de distinction réflexive s'affirment pourtant, que ce soit dans les cosmologies grecques, dans la doctrine juridique romaine ou dans les expériences artistiques qui réinventent les formes naturelles et leurs assemblages.

Ces appréhensions du monde habité, de l'univers même qu'avaient les Anciens, font largement écho à des préoccupations très contemporaines et en partie occidentales, ainsi qu'à différents débats actuels. Certains ont trait à la gestion des ressources naturelles au regard de la croissance de la population mondiale et des dérèglements climatiques qui se multiplient. La préservation des réserves en eau comme la gestion des déchets sont notamment au cœur d'interrogations qui sont anciennes. Ce n'est sans doute pas sans raison que l'histoire imaginée des Fremen, ce peuple d'« hommes libres » (angl. *Freemen*) vivant dans un monde désert et inhospitalier, sur la planète Arrakis, racontée par Frank Herber dans son roman *Dune* (1965), est portée de nouveau sur les écrans de cinéma. D'autres débats et spéculations portent sur les actions et méfaits de l'homme sur son environnement. D'autres encore donnent lieu à des prises de position sur la place des animaux dans nos sociétés, par exemple sur leur défense au regard notamment d'une violence qui s'exercerait sur eux, ou encore sur les régimes alimentaires. Dans une autre direction, des fictions comme *Le règne animal*, film de Thomas Cailley de 2023, posent la question des liens de l'humanité avec l'animalité et la sauvagerie. L'ensemble de ces discours, quelle que soit leur nature, ainsi que les interrogations et positionnements, qui ont pour centre la notion de Nature, renvoient, comme dans l'Antiquité, aux comportements humains et plus largement à la diète, au sens antique de mode de vie.

C'est précisément la question des interactions entre l'humain et son milieu naturel qui resurgit de façon criante. Quand l'existence même de l'humanité est menacée ou, à terme, remise en question, la Nature constitue un (bon) ressort pour penser le monde, les sociétés humaines et leur avenir. Un détour par les sociétés de l'Antiquité qui l'ont pensée et représentée est une voie pour rappeler et inscrire des débats cruciaux contemporains sur la nature et l'écologie dans une Histoire sur la longue durée. C'est peut-être dans cette variété d'expériences et de solutions qu'un dialogue avec le passé s'amorce, au moment même où la relation entre le milieu et l'homme, malgré les aspects critiques que l'on connaît, pourrait prendre des voies nouvelles, parfois inattendues, comme on le constate, par exemple, dans les recherches récentes de l'architecture urbaine autour de la notion de « ville végétale », autrement dit, avec un mot issu de racines anciennes, la « Fitopolis[29] ». Ainsi, nous l'espérons, le dialogue continue, avec de nouvelles issues.

Maria Cecilia D'ERCOLE
EHESS, ANHIMA

Silvia D'INTINO
CNRS, ANHIMA

Florence GHERCHANOC
Université Paris Cité, ANHIMA

29 Pour une perspective historique sur la « ville végétale », voir Mathis-Pépy, 2017 ; pour le modèle de la cité comme organisme vivant et son intégration dans l'espace naturel, voir Mancuso, 2023.

PREMIÈRE PARTIE

L'IDÉE DE NATURE

CONCEPTS ET DÉFINITIONS

PHUSIS DANS LES PREMIERS TEXTES GRECS

Pour une approche « émique »

LA *PHUSIS* DES GRECS ET LA NATURE DES MODERNES

Pendant les trente dernières années, les sciences humaines et sociales ont repensé en profondeur le concept de nature et les oppositions que ce concept aide à construire (« nature »/« culture », « nature »/« société », etc.). Il est apparu que, loin d'être un fait universel, étiqueter les phénomènes comme « naturels », « sociaux », « culturels », « techniques » est simplement une manière parmi d'autres de les classer. C'est la manière dont les sociétés occidentales ont interprété leur rapport au monde à partir de l'époque moderne, en lien avec les mutations politiques, sociales, intellectuelles, religieuses, scientifiques qui les ont traversées.

Selon un schéma historiographique daté, mais encore assez répandu, l'histoire de la « nature » des Modernes trouverait son origine lointaine en Grèce ancienne et, notamment, dans le travail de plusieurs générations d'intellectuels (philosophes, médecins, ethnographes, historiens…) sur ce qu'ils ont appelé *phusis*, terme normalement traduit en français par « nature ». En particulier, une tradition philosophique, ouverte par les philosophes présocratiques et culminant dans l'œuvre d'Aristote, aurait fait émerger la *phusis* en tant que « monde naturel » comme un objet d'étude indépendant. Conjointement, la mise en place (à partir de la fin du Ve siècle) des antithèses entre nature et convention (*phusis* et *nomos*) et entre nature et technique (*phusis* et *tekhnē*) dans plusieurs champs du savoir aurait ouvert la voie d'oppositions dont nous sommes actuellement coutumiers.

Toutefois, aujourd'hui, les spécialistes de l'Antiquité n'adhérent plus à une vision si linéaire de l'histoire intellectuelle de la Grèce ancienne et préfèrent souligner l'originalité et la diversité des parcours et des projets intellectuels des premiers philosophes grecs. D'autres travaux ont mis en lumière qu'il existait aux Ve et IVe siècles une pluralité de discours sur les partages *phusis/nomos* et *phusis/technē*, qui n'essentialisaient pas tous ces dichotomies. À cela, on peut ajouter, qu'étudier la *phusis* en prenant comme point de départ l'histoire de la « nature » moderne (dans l'un quelconque des sens que ce terme couvre) comporte une distorsion du regard. Celle-ci consiste à focaliser son attention sur les traits de l'une qui ressemblent à ce que sera l'autre, en privilégiant ainsi certains sens du mot *phusis* et certains textes ou questions, au détriment de la multiplicité des utilisations de ce terme et des contextes où il a effectivement servi et de la variété des concepts qu'il a pu désigner. On perd ainsi de vue ce qui est propre et original à la réflexion grecque.

Ce court texte se donne comme objectif de proposer un aperçu d'une démarche d'anthropologie historique attentive aux significations « indigènes » du mot grec *phusis* (et d'un verbe qui lui est étroitement lié : *phuomai*) et aux notions qu'il a désignées, s'efforçant les reconstituer à partir des catégories de la pensée propres aux textes anciens[1]. Pour donner un tel aperçu, à l'aide de travaux récents sur le sujet, on parcourra quelques-uns des premiers textes où les mots *phusis* et *phuomai* apparaissent – premiers, au moins, dans ce qui nous reste du naufrage de la production textuelle de l'Antiquité, spécialement violent en ce qui concerne la période ici considérée[2]. On lira d'abord un extrait de l'*Odyssée*, qui contient l'attestation la plus ancienne du mot *phusis*, pour traverser ensuite d'autres textes relevant des trois champs sémantiques où ce mot a été le plus souvent utilisé aux débuts de son histoire : spéculations cosmologiques (§. 3), représentations du corps (§. 4), rhétoriques de la parenté (§. 5). Le milieu du Ve siècle – lorsque les usages de *phusis* se complexifient au-delà de ce qui serait possible d'exposer ici – constituera la limite basse de

1 Pour cette approche, voir Bettini et Short, 2013 (en général et sur le concept d'« image culturelle ») ainsi que Calame, 2015 (en particulier sur *phusis*).

2 Les études utilisées sont indiquées dans chaque section. Pour les questions générales abordées dans cette première partie, voir l'Introduction même de ce volume, ainsi que Calame, 2015 ; Macé, 2013 ; Lloyd, 2012 ; Laks, 2006.

cette exploration. On évitera, tout au long de ce texte, de traduire le terme grec, pour ne pas lui adosser des connotations propres à ses traductions françaises.

LA PREMIÈRE ATTESTATION DU MOT *PHUSIS* DANS L'*ODYSSÉE*

Alors qu'Ulysse parcourt l'île d'Ééa à la recherche de ses compagnons, ignorant que Circé les a transformés en pourceaux, le dieu Hermès se pare devant lui. « Où vas-tu, malheureux – lui lance-t-il – en ce lieu que tu ne connais pas ? » (*Odyssée*, 10.280-281)[3]. Le dieu lui explique alors ce qu'il doit savoir pour se défendre de Circé. Avant de le laisser, il lui offre également une plante qui pourra l'aider, nommée *mōlu* (selon Suzanne Amigues, spécialiste de botanique grecque, il s'agirait de la nivéole d'été) :

> Ayant parlé ainsi, Hermès, le tueur d'Argos, me donna un remède, après l'avoir arraché à la terre, et il m'en montra la *phusis* : il avait la racine noire, la fleur semblable au lait ; les dieux l'appellent *mōlu*, mais pour les hommes il est difficile à arracher : les dieux, eux, ils peuvent tout[4].

Ces quelques vers, insérés dans le récit qu'Ulysse fait aux Phéaciens de ses propres aventures, contiennent l'attestation la plus ancienne du mot *phusis* et la seule dont on dispose jusqu'à ce que ce terme ne réapparaisse, bien plus tard, dans les fragments des œuvres philosophiques de Parménide d'Élée et d'Héraclite d'Éphèse (fin du VIe siècle / début du Ve siècle). Selon ce que le poème fait dire à Ulysse, Hermès lui aurait donné à voir la *phusis* de cette plante formidable (le verbe grec utilisé, *deiknumi*, met en valeur l'acte de monstration). Elle est décrite au vers suivant : le *mōlu* « avait la racine noire, la fleur semblable au lait ». Loin de désigner une quelconque « nature », cette première attestation de *phusis* indique une forme visible. La question est toutefois plus complexe.

3 Sur les thèmes abordés dans cette section, voir Buccheri, 2022 et Patzer, 1993[2].

4 Homère, *Odyssée*, 10.303-306. Je traduis.

Phusis est ce que l'on appelle un « nom d'action », exprimant sous forme de substantif le processus indiqué par le verbe dont il dérive, *phuomai*, que les poèmes homériques utilisent quasi exclusivement au sens de « pousser », « croître » (dit des plantes) et qui a deux particularités. En premier lieu, il indique la manière dont une plante prend sa silhouette en dépliant ses différentes parties dans l'espace environnant : un pin pousse tout droit vers le ciel, un peuplier a un fût lisse se divisant en deux sur le faîte, un olivier et un olivier sauvage produisent des branches étroitement entrelacées, etc. Il désigne, en somme, l'aspect « morphogénétique » de la croissance des plantes, c'est-à-dire la manière dont celles-ci produisent leur forme. En deuxième lieu, ce mot n'exprime pas une césure nette entre développement et production. Ce que la plante produit – branches, feuilles, fleurs etc. – est ce par quoi elle pousse : le verbe *phuomai* indique une génération continue et sans rupture.

Dès lors, on n'est pas surpris que la première attestation du mot *phusis* ne concerne pas une « nature » – voire « la Nature » tout entière –, mais l'aspect visible d'une plante singulière. Plus précisément, il désigne la façon dont cette plante a poussé, en dépliant sa racine et sa fleur et a ainsi produit la forme propre à son espèce, qui permet de la décrire et de la reconnaître. Le fait que le terme *phusis* puisse exprimer l'apparence (et/ou les propriétés) d'un être *en tant que* résultat de son développement organique est cruciale dans l'histoire successive du mot, ainsi qu'on le verra en abordant ses usages dans le contexte de la cosmologie, du corps et de la parenté.

PHUSIS ET LES SPÉCULATIONS COSMOLOGIQUES PRÉSOCRATIQUES

Les premiers philosophes grecs ont porté un intérêt soutenu à de questions d'ordre cosmogonique et cosmologique, en essayant d'expliquer l'origine et le devenir de l'univers, ainsi que les lois présidant à son fonctionnement[5]. Le terme *phusis* figure, en premier lieu, dans le titre d'un

5 Cette section résume les arguments proposés par Macé, 2013, p. 73-119 et 199-249. Pour approfondir les thèmes traités dans cette section, voir Laks, 2006, 5-53 ; Macé, 2013, ainsi que, dans ce même volume, la contribution de L. Iribarren.

certain nombre de leurs ouvrages : (*historia*) *peri phuseōs* ou « (enquête) sur la *phusis* ». Il s'agit toutefois là souvent d'un usage rétrospectif. En effet, ce titre a commencé à apparaître vers la fin du Ve siècle, au moment où l'expression « enquête sur la *phusis* » a été utilisée pour désigner l'ambition de fournir une explication totalisante des mécanismes à l'œuvre dans l'univers[6]. *Peri phuseōs* est devenu alors une « étiquette » courante, appliquée souvent *ex post* aux œuvres que l'on peut rattacher à un tel projet intellectuel. Au-delà de l'impression rétrospective d'unité que donne l'usage d'un tel titre, *phusis* et *phuomai* ont recouvert une pluralité de sens chez les premiers philosophes.

Si Hésiode avait déjà imaginé, dans la *Théogonie*, que la terre possède des racines « ayant poussé » (*pephuasi*) jusqu'aux tréfonds du Tartare (v. 728), c'est le philosophe Anaximandre, natif de Milet, en Ionie d'Asie, actif dans la première moitié du VIe siècle, qui semble utiliser le premier le verbe *phuomai* dans un contexte cosmogonique, pour dire le développement du *kosmos*. Pour ce savant, qui expliquait l'origine de toute chose à partir d'un principe qu'il appelait « l'illimité » (*to apeiron*), la terre aurait eu une forme de cylindre et se serait trouvée au centre de l'univers. Quant au ciel et au corps célestes qui s'y meuvent, ils auraient été produits par une « sphère de feu » qui « avait poussé tout autour » (*periphuēnai*, composé de *phuomai*) de la terre, « comme l'écorce autour d'un arbre[7] ». Se séparant en anneaux concentriques, intercalés par des zones plus froides, cette « écorce de feu » aurait donné vie à tous les astres qu'on voit briller dans le ciel et qui semblent se mouvoir autour de la terre : la lune, le soleil, les étoiles. L'univers, en somme, se serait déplié dans un processus morphogénétique que l'auteur rapproche explicitement de celui des plantes.

Quant au mot *phusis*, après sa première attestation dans *l'Odyssée*, on le retrouve dans deux œuvres philosophiques fort différentes, celle d'Héraclite d'Éphèse, encore en Asie Mineure, et celle de Parménide

6 L'émergence d'une telle ambition ne correspond pas nécessairement avec l'élaboration d'un avatar de la catégorie moderne de la nature, en tant qu'elle ne se fonde pas, comme Arnaud Macé l'a montré, sur la délimitation d'une portion du réel opposée à la culture, à la société ou au monde surnaturel : voir Macé, 2013.

7 Anaximandre, témoignage A 10 D.-K. = D 8 L.-M. Toutes les traductions des fragments des philosophes pré-platoniciens sont tirés de Laks et Most, 2016. Ici, il est difficile de savoir si le verbe *periphuō* appartient au lexique d'Anaximandre ou à celui de la source qui a transmis ses théories, parfois en les paraphrasant.

d'Élée, natif de Grande Grèce (fin du VIe / début du Ve siècle). Ces auteurs ont désigné par ce mot les qualités propres à chacun et à chaque chose, que leur philosophie essayait de tirer au clair. Il est difficile de savoir si ces auteurs ont pensé cette *phusis* de chaque être à travers l'idée de la croissance morphogénétique des plantes, que ce mot exprime dans l'*Odyssée*. Les fragments de leurs œuvres qui sont arrivés jusqu'à nous semblent montrer plutôt qu'ils ont envisagé la *phusis* comme un lot de qualités que chacun ou chaque chose reçoit en partage.

L'usage des termes qui nous intéressent devient plus complexe chez Empédocle d'Agrigente, philosophe actif au milieu du Ve siècle. Empédocle expliquait le devenir de l'univers à travers l'action de quatre éléments, qui se combinent ou se séparent par l'opération de deux forces opposées (« Amour » et « Haine »). Le philosophe nommait les quatre éléments « racines » et, dans quelques passages de son œuvre, en a décrit l'agrégation et la séparation par deux verbes construits sur *phuomai* : *sum-phuomai* et *dia-phuomai*, qui ajoutent à l'idée de la pousse celle de la réunion (*sun-*) ou de la séparation (*dia-*)[8]. C'est comme si le réel en venait à s'articuler dans un processus continu de « ramification », accompagné par un processus inverse de réunification. Ce modèle botanique permet d'expliquer le devenir apparent, mais aussi l'unité qui le sous-tend. Quant au mot *phusis*, s'il peut désigner chez Empédocle les qualités propres à chaque être (comme chez Parménide et Héraclite)[9], il indique aussi la génération des êtres. Utilisé dans ce dernier sens à l'échelle individuelle, le mot *phusis* désigne une apparence, car tout devenir est à replacer dans le cycle de pousse – ramification et réunification – des quatre racines :

> Je te dirai autre chose : de rien il n'y a naissance (*phusis*), parmi toutes les choses mortelles, et il n'est pas de fin de [*i.e.* qu'apporte] la mort funeste, mais seuls existent le mélange et l'échange de choses mélangées et « naissance » (*phusis*) est un nom donné par les hommes mortels[10].

En somme, s'il est vrai que les premiers philosophes grecs ont porté un intérêt particulier à l'étude de ce que nous appelons aujourd'hui le « monde naturel », ils ne semblent pas avoir désigné l'objet propre à leurs enquêtes par le terme *phusis*. Jusqu'à la fin du Ve siècle, ce terme

8 Voir Anaximandre, fragments B 17 D.-K. ≈ D 73 L.-M. et B 26 D.-K. = D 77b L.-M.

9 *Cf.* Empédocle, fragment B 110.5 D.-K. = D 257.5 L.-M.

10 Empédocle, fragment B 8 D.-K. = D 53 L.-M.

indique simplement les traits caractéristiques d'un être singulier. Cette *phusis* a été conçue à travers différents modèles, dont un modèle botanique. Assez vite, toutefois, le mot *phusis* évolue de manière indépendante par rapport à la référence au champ sémantique de la croissance végétale, auquel il se rattache par son étymologie et par sa plus ancienne attestation.

LA « POUSSE » DU CORPS HUMAIN ET ANIMAL

Toujours selon Empédocle, avant l'apparition d'espèces animales viables, la terre se serait mise à produire tout simplement des membres séparés – têtes, bras, yeux… – qui se seraient assemblés de manière disparate, donnant vie à des monstres et des hybrides[11] :

> Beaucoup naissaient (*phuesthai*) doubles de tête et doubles de torse, races de bœufs à proue d'hommes, tandis que d'autres jaillissaient inverses, créatures d'hommes à tête de bœuf (*androphuē*), mélanges tenant ici des mâles, et là femelles (*gunaikophuē*) aux membres ombreux[12].

Si, comme on l'a vu, Empédocle utilise ailleurs la croissance végétale comme modèle du devenir des éléments, dans le fragment que l'on vient de lire, il applique le même schéma à la production des silhouettes diverses et surprenantes des premiers vivants : un seul corps se divise en deux têtes ou deux torses, une tête de bœuf vient s'ajouter à une figure humaine, des éléments d'un corps mâle se mélangent à une forme féminine. Cette manière d'utiliser le lexique des formes végétales pour décrire celles que le corps humain ou animal acquiert au cours de sa vie est un phénomène généralisé. Les textes homériques utilisaient déjà un terme spécifique, *phuē*, dérivé également de *phuomai*, pour indiquer la « conformation » de la figure humaine, c'est-à-dire la forme propre à chaque corps, qui lui vient de la disposition et de l'articulation de ses membres.

---

11 Sur les thèmes abordés dans cette section, on verra Buccheri 2023, ch. 5.1 ; Carvallo et Macé, 2023.

12 Empédocle, fragment B 61 D.-K. = D. 156 L.-M.

Lorsque le mot *phusis* commence à apparaître dans les textes qui ont survécu jusqu'à nos jours, il peut aussi le même sens que le terme homérique de *phuē*. C'est le cas, par exemple, dans certains textes des poètes Eschyle et Pindare, que l'on ne pourra pas analyser ici. L'utilisation la plus fascinante de ce terme dans la description du corps humain se trouve toutefois dans un texte médical, qui se situe légèrement au-delà de nos limites chronologiques, mais qui est éclairant pour notre discours. Il s'agit du traité *De la génération / De la nature de l'enfant*, composé dans les dernières décennies du Ve siècle par un médecin hippocratique anonyme et qui rend compte de la production de la semence et la conception de l'enfant (*De la génération*), ainsi que de la formation de l'embryon et du fœtus (*De la nature de l'enfant*)[13]. L'auteur utilise le mot *phusis* dans une pluralité de sens, allant de celui de « croissance » ou « développement » à celui de « conformation » du corps humain, dont il explique le devenir en ayant recours à de nombreuses analogies, dont celle avec la morphogénèse végétale. Par exemple, le squelette s'articulerait par un processus d'arborescence : les membres se ramifieraient progressivement comme des branches, les doigts des mains et des pieds se sépareraient plus tard à l'instar de rameaux, la pousse des ongles viendrait enfin clore ce processus de division. Autre exemple : l'explication des malformations du fœtus. Un enfant né trop petit peut avoir été limité dans sa croissance par le ventre trop étroit de sa mère, comme la *phusis* (la forme et la taille) d'un concombre peut être modifiée en faisant pousser la plante dans un récipient trop petit. Un enfant estropié aurait rencontré des obstacles lors de son développement, comme un arbre tordu qui a poussé en s'adaptant à un terrain caillouteux. En somme, la morphogénèse des plantes a été utile, pour l'auteur du traité *De la génération / De la nature de l'enfant*, à penser celle du fœtus, tout comme chez Empédocle (dont d'ailleurs cet auteur hippocratique s'inspire) elle avait servi à penser la croissance des premiers vivants. Cet auteur hippocratique en fait même un principe plus général, lorsqu'il affirme que « la *phusis* (développement) des plantes et celle de l'homme sont tout à fait semblables ».

13 Le double titre du traité, *De la génération / De la nature de l'enfant*, vient du fait que ses deux parties ont été transmises par les manuscrits médiévaux comme deux traités indépendants. Les chercheurs sont aujourd'hui d'accord pour y reconnaître deux volets d'un seul et même traité.

LA FILIATION ET LES QUALITÉS HÉRITÉES DE SES ANCÊTRES

Le dernier champ sémantique dans lequel il faut suivre le déploiement des termes *phuomai* et *phusis* est celui de la filiation, saisie notamment sous l'angle des qualités héréditaires, physiques et morales, supposément transmises d'une génération à l'autre (un thème récurrent dans les textes grecs)[14]. Un premier exemple vient du recueil d'*Élegies* traditionnellement attribuées à Théognis, un aristocrate et poète qui aurait vécu dans la cité de Mégare au VIe siècle (ce recueil contient, en réalité, un ensemble de poèmes composés entre le VIIe et le Ve siècles, vraisemblablement destinés à la récitation lors des banquets qui réunissaient les élites de Mégare et d'ailleurs). L'une des rares élégies de ce recueil à aborder le thème de l'esclavage a recours à l'image du développement végétal – tel qu'il est exprimé par le verbe *phuomai* – afin de représenter l'idée d'une séparation entre hommes libres et esclaves :

> Jamais une tête d'esclave *n'a poussé* (*pephuken*) droite : elle est toujours *tordue*, et repose sur une nuque oblique. Ni une rose ni une hyacinthe ne sauraient *pousser* (*phuetai*) d'une scille, jamais un enfant au cœur *d'un homme libre* ne naîtra non plus d'une esclave[15].

Selon le texte, la figure de l'esclave se caractériserait par un manque de « droiture » (sa tête « ne pousse jamais droite »), symbole de son incapacité à atteindre la droiture morale de l'homme libre, évoquée au dernier vers. Cette opposition est ramenée à une question de naissance, qui est censée déterminer non seulement le statut social de l'individu (libre ou esclave), mais aussi ses qualités morales, supposément héritées de ses parents. Ainsi, tout comme la rose et l'hyacinthe, deux fleurs nobles et parfumées, ne poussent pas (*phuetai*) de la scille, plante proche de l'asphodèle et qui en poésie se charge souvent de connotations négatives,

---

14 Sur les thèmes abordés dans cette section, on verra Buccheri, 2024, p. 267-276 et 303-316 ; Le Meur et Weissmann, 2015.

15 Théognis, *Élégies*, 535-539. La traduction est tirée de Carrière, 1975. Je signale en italique les modifications que j'ai apportées à cette traduction, justifiées dans Buccheri, 2024, p. 270-274.

de même une esclave ne peut pas mettre au monde un homme libre. En somme, chaque individu « pousse » (*pephuken*, parfait de *phuomai*) droit ou tordu selon le statut de ses parents, tout comme chaque plante donne naissance (*phuetai*) à un exemplaire de l'espèce à laquelle elle appartient : rose, hyacinthe ou scille.

Le discours sur les caractères innés qui dérivent de ses ancêtres est également présent chez Pindare, auteur de compositions chorales chantées et dansées en l'honneur de grands commanditaires issus des élites des cités grecques. Dans la rhétorique de ces textes, on atteint l'excellence et le succès avant tout en vertu de ses dispositions ou capacités innées, que Pindare désigne en réadaptant le terme homérique de *phuē*, dont la signification glisse ainsi de la description du corps (dans les poèmes homériques) à l'expression de l'innéité (dans le corpus de cet auteur).

Le mot *phusis* investit également le champ sémantique de la filiation et des qualités héréditaires. À ce sujet, on peut emprunter un dernier exemple aux *Suppliantes* d'Eschyle, tragédie créée peu avant la moitié du Ve siècle. Dans ce drame, Eschyle met en scène les vicissitudes des Danaïdes, cinquante sœurs qui fuient leur terre natale, l'Égypte, afin d'éviter un mariage dont elles ne veulent pas. Arrivées en Grèce, elles demandent l'asile dans la cité d'Argos, car elles revendiquent une généalogie argienne : elles se présentent comme les descendantes de Zeus et d'Iô, fille du premier souverain des lieux. Cette revendication provoque un certain désarroi chez leurs interlocuteurs. Aux yeux de ces derniers, leur morphologie (*phusis*) allogène – vraisemblablement soulignée par les costumes et les masques portés par les acteurs – semble contredire leur origine grecque. Leur père l'admet d'ailleurs promptement :

> Notre physionomie (*morphēs phusis*) n'est pas la même (que celle des gens d'Argos) : le Nil et l'Inachos ne nourrissent pas un même lignage (*genos*)[16].

Contrairement à la norme, la physionomie des Danaïdes (le texte grec utilise l'expression *morphēs phusis*, qui dans ce contexte est *grosso modo* équivalent au mot *phusis* tout seul) ne correspond pas à leur généalogie (*genos*). Elles ne semblent pas avoir hérité les qualités physiques de leurs ancêtres d'Argos (la cité est indiquée ici par le nom de l'un de ses fleuves, l'Inachos). Seulement un échange serré avec le roi d'Argos, au cours

16 Eschyle, *Suppliantes*, v. 496-498. Je traduis.

duquel elles fournissent plusieurs preuves étayant leurs affirmations, permet enfin de prouver qu'elles sont bel et bien des femmes argiennes. Les Danaïdes et les femmes d'Argos diffèrent comme deux plantes d'un même « lignage » (*genos*), mais qui poussent dans deux lieux éloignés et sont nourries par des eaux différentes.

CONCLUSION

Cosmologie et cosmogonie, développement du corps, filiation et héritages généalogiques : voici donc les trois champs au sein desquels le mot *phusis* évolue, avec les deux termes apparentés *phuomai* et *phuē*. Certes, l'histoire du mot *phusis* et des concepts qu'il a désignés est encore longue et connaîtra, au Vᵉ et IVᵉ siècles, des inflexions majeures. On peut toutefois tirer quelques conclusions plus générales à partir des textes que l'on a pu parcourir.

Le sens le plus anciennement attesté de *phusis* (et de sa famille de mots) est lié à l'expression du développement des plantes, qui produisent leur silhouette propre en dépliant leurs organes sans solution de continuité. On a ensuite constaté que le sens botanique de ces termes tend à devenir moins important au fil des siècles : il subsiste comme une possibilité sémantique, que des auteurs comme Héraclite ou Parménide ne semblent pas avoir utilisé, mais que d'autres, comme Empédocle ou l'auteur hippocratique du traité *De la génération / De la nature de l'enfant*, ont exploité pleinement. Toutefois, même si le lien avec ce sens originel commence à s'affaiblir, le verbe *phuomai* ou le nom *phusis* continuent d'exprimer de préférence la manière dont une entité unique s'articule à travers ses différentes parties : de manière concrète lorsqu'ils décrivent le développement du corps humain ou animal, dans un sens plus imagé lorsqu'ils concernent la cosmologie et la filiation.

Dans l'ensemble des extraits que l'on a lus, l'utilisation de *phusis* ou des mots apparentés ne renvoie pas à un ordre « naturel » et encore moins à un découpage entre nature et culture ou nature et société. On y a retrouvé plutôt des discours sur les qualités que chaque être – plante, animal, ou homme – tire de son origine ou de son développement. Ce sont en somme des raisonnements d'ordre génétique voire généalogique, qui utilisent parfois explicitement un schéma explicatif tiré du monde des plantes, afin de saisir des réalités cosmologiques, physiques et sociales, en expliquant ce qu'elles sont par ce dont elles viennent. Ce qui n'est pas pour surprendre, si l'on réfléchit à la place que la généalogie a eue, en Grèce antique, comme modèle de pensée : mais c'est là une autre histoire.

Alessandro BUCCHERI
EPHE, ANHIMA
ANR « PolyBota. Polytheism and Botany in Ancient Greece »
ANR-23-AERC-0010

« *TANT QUE LA NATURE HUMAINE SERA LA MÊME* »

Nature humaine et contrat social chez Thucydide[1]

Si depuis deux décennies les sciences sociales se donnent comme objectif de dépasser l'opposition binaire entre constructivisme et naturalisme[2], le problème de la « nature humaine » se dessine comme l'un des plus complexes à résoudre ou du moins à soumettre à leur examen. En prise avec la nécessité de dépasser l'opposition entre une lecture constructiviste (qui affirmerait que la nature humaine est une construction purement sociale) et une lecture naturaliste (qui reposerait sur l'idée que la nature humaine relèverait d'une nature partagée par tous les humains, de tout temps et en tout lieu), la réflexion en anthropologie des mondes anciens pourrait contribuer au débat en anthropologie générale. Et ce, dans une perspective d'« archéologie » des savoirs et des cosmologies qui remonte à la Grèce ancienne. L'on propose ici de mettre en évidence tout d'abord le fait que cette notion de nature humaine est toujours générée dans le cadre de la « cosmologie » d'un groupe. Par cette dernière on entend à la fois le système de représentations du groupe ainsi que la *praxis* et pour ainsi dire l'ordre moral qui y est articulé, et qui fait que la cosmologie pourrait être considérée comme le fondement de la « rhétorique du groupe[3] ». Le point de départ est un questionnement critique des thèses avancées par l'anthropologue Marshall Sahlins sur la tradition moderne de la négativité de la nature humaine, dont il identifie les prémices en Grèce ancienne, chez Thucydide[4]. En contrepoint de ces thèses, une analyse du traitement de la nature humaine chez Thucydide permet

---

1 Ce court essai anticipe les développements d'une réflexion au long cours sur Thucydide, l'écriture de la guerre et une pensée du lien social en Grèce ancienne, à paraître sous le titre : *Thucydide, ou l'ambition de l'histoire.*

2 De Fornel et Lemieux, 2007.

3 Descombes, 1987, p. 188.

4 Sahlins, 2004 et 2009.

d'éclairer les imbrications entre nature, loi et monde divin, et de poser ainsi les bases pour une approche comparatiste des cosmologies.

Alors que la modernité européenne s'est construite sur l'idée d'une nette séparation entre les collectifs humains et la nature, soumise dès lors à un examen objectif et à des lois, cette autonomisation de la nature, nous apprend l'anthropologie des dernières décennies, n'a rien de nécessaire parmi les cosmologies possibles. Elle relève au contraire d'une ontologie spécifique, qualifiée par Philippe Descola de naturaliste, qui distribue les entités du monde de façon à penser les humains dans la discontinuité par rapport aux êtres non-humains, aux objets inanimés et au monde tout entier[5]. Le dualisme que la cosmologie moderne établit entre nature et société ou entre nature et culture a donné lieu à des développements importants aux XIXe et XXe siècles au sein des sciences sociales, et a même structuré les débats notamment dans l'anthropologie française et américaine. Dans ce cadre, la notion grecque de *phusis* est convoquée régulièrement pour appuyer l'idée selon laquelle la voie vers l'autonomie de la nature chez les Modernes procéderait d'un système de pensée ancien dont les fondements seraient *déjà* naturalistes, anticipation du « grand partage » et du désenchantement des Modernes.

Dans deux de ses livres récents qui dialoguent avec l'antiquité grecque, *Apologies to Thucydides* (2004) et *La nature humaine, une illusion occidentale* (2009), l'anthropologue américain Marshall Sahlins présente un important plaidoyer en faveur du rôle que joue la culture dans les sociétés humaines, tout en essayant de déconstruire la notion moderne de nature humaine. Engagé de longue date dans un combat contre toute forme de déterminisme et toute théorie utilitariste dans les sciences sociales, Sahlins propose dans ces ouvrages d'en finir avec des idées, voire même des récits, qui sont partagés par les cultures européenne et nord-américaine contemporaines sur trois sujets principaux : 1) la primauté de l'action individuelle dans l'histoire ; 2) une supposée nature humaine, qui serait caractérisée par l'intérêt individualiste et compétitif (ce que l'on appelle le choix rationnel) ; et 3) le « désenchantement » du monde. Dans ce cadre, avant même les propositions de Hobbes, Thucydide figure parmi les fondateurs de ces récits modernes, surtout ceux qui concernent la supposée négativité de la « nature humaine » et le « choix rationnel ».

---

5 Descola, 2005. Voir également, dans le présent volume, les contributions de C. Calame, A. Buccheri, L. Iribarren.

Pourtant, on ne saurait aligner les positions de l'historien athénien sur celles du philosophe politique, premier traducteur de l'œuvre de Thucydide en anglais (1629) et dont l'interprétation exerce encore une forte influence[6]. Dans l'essai « Sur la vie et l'Histoire de Thucydide » qui précédait la traduction de la *Guerre du Péloponnèse*, Thucydide est célébré comme un héros antidémocratique dont l'œuvre était censée pouvoir servir de commentaire aux conflits de Charles Ier avec le Parlement anglais. C'est notamment la fameuse interprétation hobbesienne de la guerre civile, la *stasis*, en termes d'état de nature, développée ultérieurement dans le *Leviathan* (1651)[7] qui porte son ombre sur les interprétations modernes de l'œuvre de l'historien grec : à l'état de nature qui, en l'absence d'un pouvoir central, est un état de guerre intestine caractérisée par un déchaînement de passions individuelles, le seul remède est un contrat social dans lequel les individus renoncent volontairement à leurs droits naturels et s'accordent à obéir à la volonté d'un souverain, garant de l'unité du corps social. Si depuis Hobbes (1629) et jusqu'à Leo Strauss (1936) ou Giorgio Agamben (2015), on considère Thucydide comme un « penseur critique » de la *stasis*, c'est en raison d'un contrat social que l'Athénien a esquissé dans son œuvre, en interrogeant le rapport entre la nature, le *nomos*, « loi » ou « coutume », et les dieux.

Les chapitres que Thucydide consacre à la *stasis* dans les cités grecques, et surtout à la guerre à Corcyre, l'actuelle Corfu[8], sont ainsi devenus emblématiques d'une pensée de la négativité de la nature humaine. Or, si ces épisodes sont effectivement les lieux où il est fait mention d'une « nature humaine » (*anthrôpinê* ou *anthrôpeia* ou encore *anthrôpôn phusis*), l'usage que Thucydide fait de cette expression est à interpréter à la fois dans l'économie générale de son œuvre et par rapport aux débats qui avaient cours au Ve siècle sur la *phusis*, notamment en rapport avec la coutume. Il apparaît en effet que la nature humaine est tout sauf une notion bien définie.

Dès sa première occurrence dans l'épopée homérique, l'emploi du mot *phusis* a de quoi dérouter. Plutôt que désigner des principes ou des propriétés, la *phusis* fonctionne comme un relais, un embrayeur, qui soudain rend visible ce qui ne l'était pas pour les humains, car seul un

6 Voir Grene, 1989.
7 Voir l'édition française annotée par Mairet, 2000.
8 Thucydide, *La guerre du Péloponnèse*, III, 69-84.

savoir divin en garantit l'accès : sur l'île de Circé, Hermès interpelle Ulysse pour lui *montrer la phusis* d'une plante, *pharmakon*, que les dieux appellent *môlu* et qui le protégera de l'emprise de la déesse[9]. Loin d'être une représentation de la transmission de connaissances sur des propriétés botaniques du *môlu*, la scène homérique a une fonction pragmatique, en proposant à Ulysse et, partant, à l'auditoire une *expérience* visible de l'invisible.

Mobilisée plus tard dans des contextes polémiques qui sont propres aux controverses de la seconde moitié du Ve siècle, notamment au sein des communautés de médecins hippocratiques, la *phusis* est une notion instable à laquelle on ne saurait attribuer une valeur ontologique mais plutôt une valeur phénoménologique et même épistémologique. Dans ce contexte, *phusis*, qu'Aristote rattachera plus tard, par l'étymologie, à la notion de génération et de croissance[10], se réfère au monde qui se manifeste, au monde visible, à des notions de développement observable. Les médecins l'emploient souvent dans le sens d'une gradation de constitutions physiques qui seraient plus ou moins capables de dominer les éléments (chaud, froid, humide, sec) et les aliments[11]. La *phusis* humaine traduit ainsi une mise en composition dynamique de différentes forces avec les éléments du monde environnant dont la maîtrise permet de recouvrir l'état de santé. La cosmologie sous-jacente, par cette mise en composition des forces, relève d'un cadre qui déborde largement du domaine des individus humains auquel la modernité assigne la nature humaine. Lorsqu'elle apparaît en couple avec le *nomos*, au sens de coutume[12], la *phusis* ne s'y oppose pas pour autant comme ce sera le cas chez des Sophistes tel Antiphon, qui a creusé l'écart entre légalité sociale et loi naturelle. Enfin, selon certains médecins, la nature ne relève pas d'un domaine séparé du divin[13], ce qui met à mal l'interprétation d'une nature et d'une nature humaine conçues en Grèce ancienne comme fondements de l'ontologie naturaliste, ou d'une cosmologie « désenchantée ».

---

9 Homère, *Odyssée*, X, 303. Sur ce passage énigmatique, voir également les analyses de A. Buccheri et de C. Calame dans le présent volume.

10 Aristote, *Métaphysique*, V, ch. 4.

11 Hippocrate, *Ancienne médecine*, VII-VIII, *Nature de l'Homme*, I, 1. Voir Lloyd, 1991, Holmes, 2010.

12 Hippocrate, *Airs, eaux, lieux*, XIV, 1. Macé, 2012.

13 Hippocrate, *La maladie sacrée*, XVIII, 1.

Chez Thucydide, la nature humaine se présente souvent en rapport, mais pas nécessairement en opposition, à la loi, *nomos*[14]. Elle relève d'une dynamique observable dans des situations spécifiques de domination[15] et de conflit que sont la *stasis* et l'état de guerre qui lui est souvent associé, à savoir des moments de profonde perturbation du contrat social. Une référence spécifique est alors faite au bouleversement des pratiques sanctionnées par des rituels, comme les serments, ou de façon plus générale, des normes religieuses. Au lieu de lui assigner une valeur (négative ou positive) stable, Thucydide évoque la nature humaine comme une sorte de réactif capable d'alerter sur ces situations de bouleversement des rapports sociaux qui structurent la vie des cités, qu'il s'agisse des rapports intrafamiliaux, entre citoyens, ou même entre différentes communautés[16] ; et ce, sur le plan social, religieux, économique et politique. C'est justement en guerre que la nature humaine est supposée révéler des affects et des dynamiques émotionnelles qui dominent les collectifs dans des contextes de violence extrême. Mais contre toute interprétation qui tendrait à chercher en ces moments une nature humaine qui *se* révèle, comme si elle était un donné partagé de tout temps et de tout lieu, Thucydide met en lumière la grande variété des changements et des conjonctures possibles :

> Pendant les sept jours [...] les Corcyréens firent un carnage de leurs concitoyens qui passaient pour des opposants ; ils en rejetaient la responsabilité sur les adversaires de la démocratie, mais certains moururent aussi victimes de haines privées, et d'autres, qui avaient prêté de l'argent, sous les coups de leurs débiteurs. La mort revêtit toutes les formes et, comme cela se produit en pareil cas, on ne recula devant rien – et pis encore. Le père tuait son fils, les suppliants étaient arrachés des sanctuaires ou tués sur place, certains périrent même emmurés dans le sanctuaire de Dionysos.
>
> Tel fut en effet le degré de cruauté qu'atteignit la guerre civile. [...] À la faveur des troubles, on vit s'abattre sur les cités bien des maux, comme il s'en produit et s'en produira toujours tant que la nature humaine (*phusis anthrôpôn*) restera la même, mais qui s'accroissent ou s'apaisent et changent de forme selon chaque variation qui intervient dans les conjonctures (*tôn suntukhiôn*)[17]

14 Thucydide, *La guerre du Péloponnèse*, III, 45, 7.

15 Thucydide, *op. cit.*, I, 76, 3.

16 Thucydide, *op. cit.*, III, 64, 4.

17 Thucydide, *op. cit.*, III, 81, 5-82, 2 ; éd., trad. J. de Romilly, *Thucydide* : *La guerre du Péloponnèse*, Paris, Les Belles Lettres, 1955-1972 (livre III, 1967).

Lorsque Thucydide affirme que bien des maux aux effets dévastateurs s'abattent sur les cités en proie à la *stasis* « comme il s'en produit et s'en produira toujours, tant que la nature humaine restera la même », il laisse entendre la possibilité d'infléchir cette dernière[18]. On est alors à même d'apprécier la valeur politique, voire *cosmopolitique*, de la notion de nature humaine chez Thucydide ; elle donne à voir et permet de penser le monde en tant qu'organisation sociale et lieu de composition de forces où les humains ne sauraient oublier les liens de nature religieuse qui les unissent entre eux et avec les dieux dans la cité.

Aussi, en réponse à la crise sociale et morale que traverse le monde grec à la fin du Ve siècle et dont la *Guerre du Péloponnèse* constitue à la fois un observatoire et un laboratoire pour l'élaboration de propositions nouvelles, l'œuvre de Thucydide constitue-t-elle l'esquisse d'un nouveau contrat social. Contre toute attente moderne, ce contrat n'est pas conçu pour corriger ou remédier à la négativité de la nature humaine, et partant n'oppose pas la culture et/ou la société à la nature ; il se fonde sur une continuité entre la loi, le divin, le cosmos et la nature humaine. Cette continuité serait garantie par le geste historiographique même, qui repose sur un acte d'écriture, le *sungraphein*, relevant de la pratique contractuelle naissante. Par cette écriture contractuelle, Thucydide propose de renouer *pour toujours* avec une histoire capable de rappeler la possibilité de contrer une forme de nécessité qui relève non pas d'une supposée nature humaine, mais plutôt de forces sociales qui poussent la cité vers la *stasis* et la mort. Une cité où la nature humaine a tout loisir de connaître et donner à voir des changements liés aux conjonctures que cette écriture contractuelle justement permet de mettre en lumière, à l'articulation entre le visible et l'invisible.

Cléo Carastro
EHESS, ANHIMA

18 Thucydide, *op. cit.*, III, 82, 2.

DE LA *PHÚSIS* COMME PROCESSUS À LA « NATURE » COMME RESSOURCES

L'homme et son environnement

La distinction en contraste entre nature et culture a été en quelque sorte canonisée par la pensée structuraliste des années 70 du siècle dernier. Elle tire apparemment son origine de la réflexion universalisante des Lumières européennes sur les sociétés des hommes ; et cela de deux points de vue. Comme objectivée sinon essentialisée, la « nature » est posée face à la raison de l'être humain ; une raison qui se définit en son autonomie, affranchie qu'elle est désormais du pouvoir divin et des instances surnaturelles. À la suggestion notamment de René Descartes, la nature devient une nature-objet sur laquelle l'homme raisonnable peut agir et dont il pourra exploiter les ressources et se rendre maître ; selon l'une des définitions proposées par d'Alembert dans l'*Encyclopédie* (1751-1772), la nature c'est « l'ordre et le cours naturel des choses, la suite des causes secondes, ou les lois du mouvement que Dieu a établies » ; la nature c'est donc en premier lieu la nature physique, soumise aux lois déjà formulées par Isaac Newton.

Quoi qu'il en soit, et pour être extrêmement rapide, cette objectivation du milieu de vie de l'homme en nature face à l'homme de culture est au fondement en particulier de l'industrialisation. L'usage des techniques et désormais des technologies a consacré le passage à la période nouvelle de l'anthropocène, une période marquée par la domination de l'être humain autant sur la géologie que sur l'écosystème dont dépend sa survie. Et dans le passage récent à la période que certains dénomment désormais le capitalocène, l'usage des techniques développées sur la base des énormes progrès des sciences « de la nature » a été subordonné à l'unique logique marchande et financière de la maximisation des profits et de l'accumulation capitaliste fondée sur la croissance économique, avec les principes néolibéraux qui la soutiennent[1]. Ce passage a été fortement accentué par le grand mouvement de la mondialisation économique et financière qui s'est dessiné depuis la fin de la seconde guerre mondiale, jusqu'ici sous domination essentiellement anglo-saxonne. Par un vaste processus de délocalisation et d'accélération de la production industrielle, par des traités de libre-échange qui soustraient les acteurs économiques et les entreprises des pays riches devenues multinationales aux réglementations sociales et écologiques des pays dont on exploite force de travail et environnement, par la soumission des pays du « Sud » aux pays du « Nord » dans des rapports de domination d'ordre néocolonial, la mondialisation a eu deux effets principaux : d'une part, le profond creusement des inégalités sociales et la destruction des cultures locales qui ont d'autres rapports avec ce que nous avons objectivé en nature[2] ; d'autre part, les différentes pollutions entraînées par la surexploitation des sols et des matières premières, mais aussi par la surconsommation d'énergies à base d'hydrocarbures ou d'énergie nucléaire avec pour effet la destruction de la « nature », c'est-à-dire de la biosphère et de l'environnement indispensable à la survie des hommes en société.

De là, à propos du concept moderne de « nature », le bref parcours sémantique proposé ici dans une approche d'anthropologie historique contrastive : la *phúsis* grecque telle qu'elle est envisagée en relation avec l'homme mortel pour revenir de manière décentrée et critique sur le paradigme socio-culturel contemporain. En effet, réduit à l'état de « nature », l'environnement est devenu un ensemble de ressources à exploiter pour un profit d'ordre essentiellement économique et financier.

1 Sur les notions d'anthropocène et de capitalocène, voir notamment Bonneuil et Freissoz, 2015, p. 247-279.

2 De ce point de vue on pourra se référer en particulier aux quatre « ontologies » identifiées par Descola, 2005 : animisme, naturalisme, totémisme, analogisme ; voir les prolongements proposés dans Calame, 2015, p. 83-90.

DU COSMOS À LA NATURE DE L'HOMME

Quels que soient les controverses et les malentendus entraînés par sa signification, le terme *phúsis* renvoie en Grèce classique à l'idée du développement, à celle de la formation d'un être à partir des principes de l'« accomplissement comme devenir » et du « procès comme réalisation objective ». C'est du moins le résultat de la réflexion linguistique offerte par Émile Benveniste[3]. À partir du verbe *phúein/phúesthai* qui signifie « engendrer », « naître », « croître » et « devenir », c'est sans doute le sens étymologique du terme qui, de manière générale, fonde ses différents emplois. De ce point de vue il convient de rappeler que le premier emploi connu du terme *phúsis* est attesté dans l'*Odyssée* ; le terme désigne non seulement la forme mais aussi le pouvoir de la plante qu'Hermès indique à Ulysse pour se protéger des funestes ruses de Circé : fleurs jaunes et racines noires, mais aussi un *pharmakón* permettant de résister à l'envoûtement de la belle magicienne (Homère, *Odyssée* 10, 286-306)[4].

Mais ce sont surtout les « physiciens » ou « physiologues » préplatoniciens qui ont tenté de décrire en termes matérialistes de *phúsis* aussi bien les pouvoirs que les processus d'engendrement et de développement du monde avec ses différents ses composants.

Écoutons une fois encore les vers composés par Parménide en diction épique et consignés dans un rouleau de papyrus qui recevra le titre de *Perì phúseo̱s*[5] :

> Tu sauras la nature (*phúsis*) éthérée et, dans l'éther, tous
> Les signes (*sē̱mata*) et de la torche pure du soleil brillant
> Les œuvres aveuglantes, et d'où ils sont nés,
> Tu apprendras les œuvres versatiles de l'œil rond de la lune
> Et sa nature (*phúsis*)...
>
> (trad. Laks-Most, 2016)

---

3 Benveniste, [1948] 1975, p. 75-85 ; voir à ce propos, à l'exemple des usages des mots fondés sur *phu-* dans la poésie homérique, l'étude de Buccheri, 2022.

4 Voir ici-même la contribution d'Alessandro Buccheri.

5 Fr. 28 B 10 Diels-Kranz = 19 PARM D12 Laks-Most) : εἴσῃ δ' αἰθερίαν τε φύσι τά τ' ἐν αἰθέρι πάντα / σήματα καὶ καθαρᾶς εὐαγέος ἠελίοιο / λαμπάδος ἔργ' ἀίδηλα καὶ ὁππόθεν ἐξεγένοντο, / ἔργα τε κύκλωπος πεύσῃ περίφοιτα σελήνης / καὶ φύσιν.

Donc la « nature » de l'éther avec ses composants, leur origine et leurs effets ; et cela à l'écart de tout principe d'origine divine. De même en va-t-il pour l'être humain. Dans le traité qu'il consacre à la « maladie sacrée » (l'épilepsie), le médecin hippocratique auteur du traité homonyme l'affirme d'emblée : cette maladie n'a rien de plus divin ni de plus sacré que les autres maladies. De même que toutes les autres maladies ont une origine (*phúsis*) de laquelle elles proviennent, la « maladie sacrée » a elle-même une « nature » (*phúsis*) et une « cause » (*próphasis* ; Hippocrate, *Maladie sacrée* 1, 1) – c'est-à-dire, probablement, un principe de croissance interne et une cause externe, « déclenchante ».

Et au même moment, l'historien Thucydide reconnaît dans les actions des hommes du passé et du présent un même caractère humain (*tò anthrǭpinon* ; 1, 22, 4) marqué par le désir de domination. Par deux fois, les Athéniens que le récit de Thucydide met en scène désignent cette pulsion de domination du plus fort sur le plus faible par le terme *phúsis*. Dans un premier cas, cette volonté de puissance est reconduite à la « nature humaine » (*anthrǭpeia phúsis* ; 1, 76, 3)[6]. Néanmoins, cet instinct de domination peut être compensé par le sens de la justice, une justice reconduite à des lois (*nómoi*) communes, et donc à une pratique d'ordre culturel. Par ailleurs, face à des insulaires qui se refusent de se soumettre à leur pouvoir, les Athéniens invoquent une *phúsis*, en somme un *habitus* qui pousse à la domination dès que l'on dispose de la force (5, 105, 2) ; et cette disposition concerne aussi bien l'« humain » (*tò anthrǭpeion*) que le divin ! Ainsi, les hommes comme les dieux dépendent d'une « nature » qui est opposée à un ensemble de règles énoncées, partagées (selon le le sens étymologique de *nómos*) et respectées par les hommes dans une communauté civique. On va y revenir.

Le processus dynamique de développement impliqué par la notion de *phúsis* est donc reporté du *cosmos* sur l'homme. Cette idée d'une nature dynamique de l'humain s'insère dans une anthropologie en tant que conception du genre humain. Les Grecs, implicitement ou explicitement, n'ont pas manqué de se demander ce qui fait que l'homme est homme – un homme marqué par la mortalité : c'est ce qui, dans l'organisation polythéiste grecque, distingue l'être humain de la divinité. C'est ainsi que dans l'*Odyssée*, par exemple, dans la confrontation d'Ulysse avec différentes communautés d'êtres plus ou moins monstrueux, à la fois

6 Voir ici-même la contribution de Cléo Carastro.

proches du divin et de l'animal, l'homme mortel se définit par son régime alimentaire, par un régime essentiellement fondé sur la préparation et la consommation des produits issus de l'activité agricole.

L'ENVIRONNEMENT ENTRE *PHÚSIS* ET *NÓMOS*, ENTRE NATURE ET CULTURE ?

Doit-on dès lors identifier la *phúsis* comme « nature » des choses dans le contraste, cher aux sophistes, avec le *nómos*, en tant que « coutume », « règle », instituée et partagée par les hommes ?

Consacré aux airs, aux eaux et aux lieux, un autre célèbre traité hippocratique s'interroge explicitement sur les relations entre la constitution physiologique de l'homme et les qualités correspondantes de l'environnement. Le constat est double : non seulement les variations dans le mélange organique constitutif de la nature humaine ont un impact sur la morphologie et sur les dispositions morales des êtres humains ; mais morphologies et caractères des hommes varient suivant l'exposition aux vents et suivant la qualité des eaux propres aux cités qu'ils habitent. Ainsi, de manière générale, si les Européens présentent dans leur taille et dans leur morphologie des différences plus marquées que les Asiatiques, c'est dans la mesure où ils sont soumis à un régime de saisons plus contrastées dans un environnement montagneux plus âpre (Hippocrate, *Airs, eaux, lieux* 12-13). Les altérations étant plus fréquentes au moment de la coagulation du sperme dans la formation de l'embryon, les premiers se caractérisent par sauvagerie, fougue, indépendance et courage belliqueux ; les seconds par douceur, indolence, soumission et lâcheté. À partir d'une constitution universellement partagée, cette conception climatique de la nature humaine conduit à une série de différenciations d'ordre ethnique et culturel.

Or, qui dit relations entre physiologie et dispositions morales et culturelles dit possibilité d'interaction entre *phúsis* et *nómos*. Ainsi en va-t-il des Macrocéphales, ce peuple dont la morphologie crânienne remonte à la coutume culturelle de façonner la tête des enfants par des bandes. Mais, avec le temps, le *nómos* s'est inscrit dans la « nature » (*en phúsei*) et n'a plus exercé sa contrainte (*Airs, eaux, lieux* 14, 1-5) ; avec, pour effet secondaire, d'affaiblir la morphologie du crâne caractéristique de ces Têtes Allongées ! Ainsi, régime alimentaire individuel et coutumes culturelles partagées interviennent de manière secondaire dans la définition d'une nature humaine qui se diversifie sous l'influence du climat, dans l'interaction entre l'organique et le moral, le physique et le psychique. Les communautés ethniques et culturelles composant le genre humain se définissent dans cette interaction entre un environnement physique et une physiologie humaine perméables parce qu'elles sont fondées sur les mêmes qualités.

D'un côté, donc, la nature humaine conçue comme physiologie, morphologie et caractère en devenir ; de l'autre un environnement comme espace terrestre (*gḗ* et *khṓra*), comme milieu dont les qualités climatiques sont celles qui fondent aussi la physiologie de l'homme. Non pas nature et culture, mais une *phúsis* dynamique et différenciée qui est aussi bien celle du monde environnant que celle de l'homme qui en tire les ressources pour son *bíos*, pour sa survie civilisée en tant que mortel. Loin de correspondre au partage moderne entre nature et culture, la collaboration parfois contrastée entre *phúsis* et *nómos* revient en somme à la distinction entre l'inné et l'acquis : d'une part, ce qui est donné par une « nature » animée par un principe de génération et de développement (dans une écologie donnée) ; d'autre part, ce qui est admis et par conséquent pratiqué par les communautés des hommes, en particulier par l'effet de l'éducation et de ce qui est devenu pour nous la « culture ».

LES ARTS TECHNIQUES DE PROMÉTHÉE, L'INTERPRÈTE DU MONDE

En pensant aux défis environnementaux auxquels nous confronte l'entrée dans l'anthropocène, sinon le capitalocène, c'est ici qu'il convient de se référer aux *tékhnai* telles que les conçoit pour les hommes mortels le Prométhée mis en scène par Eschyle, un peu avant la diffusion des premiers traités hippocratiques. Enchaîné à un rocher dans une région déserte aux confins septentrionaux du monde habité, Prométhée décrit dans une scène fameuse l'état animal auquel les mortels étaient à l'origine condamnés. Vivant sous terre comme des fourmis, les humains regardaient sans voir, ils écoutaient sans entendre. Pour les tirer d'un état premier où les humains sont incapables d'utiliser leur sens, le héros civilisateur invente et leur enseigne une série de savoirs et d'arts pratiques : les levers et les couchers des astres pour l'organisation des travaux des champs ; des arts mnémotechniques tels l'arithmétique et l'écriture « mémoire de toutes choses » ; les techniques de la domestication des animaux pour l'agriculture et le commerce ; les nombreuses recettes de médicaments pour se libérer des maladies ; les différents arts de la divination parmi lesquels l'interprétation des songes nocturnes ou la lecture du vol et des mœurs des oiseaux fondée sur l'ambivalence de leur *phúsis*, etc. ; et avant tout le feu, ce maître de « techniques nombreuses », nécessaire notamment pour exploiter par l'artisanat les ressources sidérurgiques de la terre (*Prométhée enchaîné* 436-506 et 248-256)[7].

Savoir-faire d'ordre technique, ces *tékhnai* sont tour à tour présentées par Prométhée comme des artifices (*sophísmata*), comme des moyens ingénieux (*mēchanḗmata*) et comme des expédients (*póroi*) permettant à tous les hommes de se tirer d'une situation d'embarras et d'impasse. Non seulement tous ces savoirs techniques relèvent de cette intelligence artisane dont le dieu forgeron Héphaïstos et l'astucieuse Athéna sont les maîtres à Athènes, mais surtout ils correspondent tous à des lectures de systèmes de signes. D'ordre sémiotique, ces arts pratiques présupposent donc que l'environnement de l'être humain constitue un système de signes. La *phúsis* est à déchiffrer par des arts de l'interprétation qui débouchent soit sur des pratiques permettant d'assurer la survie des hommes mortels, soit sur la prévision d'un avenir dont l'orientation ne dépend pas des humains. Ainsi les techniques sémiotiques et herméneutiques du Prométhée mis en scène par Eschyle permettent à l'homme d'assurer sa survie matérielle, sociale et culturelle dans un environnement qu'il rend signifiant, dans les limites d'une condition de mortel aléatoire, marquée par de nombreux renversements de fortune. Présentées comme *ōphelḗmata* (« avantages » et sources de profit) et basées sur la lecture d'une « nature » à interpréter comme un système de signes,

---

7 Je me permets de renvoyer ici au commentaire que j'ai donné de ces vers dans Calame, 2010, p. 36-40.

les techniques prométhéennes se caractérisent par leur utilité sociale ; fondées sur les astuces du déchiffrement prévoyant et de l'intelligence artisane, ces arts techniques rendent possible la vie civilisée des mortels.

Ainsi les savoir-faire interprétatifs inventés et enseignés par le héros Prométhée, sophiste avant la lettre, permettent aux hommes d'utiliser leurs capacités sensorielles vis-à-vis de leur environnement et d'en faire un monde de sens. En tirant le genre humain d'un état premier d'aveuglement pour lui accorder une clairvoyance à visée interprétative, ces différents arts techniques font accéder l'homme à un état de civilisation spécifiquement humain. La culture des hommes mortels les porte à interagir avec un monde environnant qui, signifiant, se laisse modeler par l'intelligence pratique et technique dans le sens du profit social.

RETOUR AU PRÉSENT DE L'ANTHROPOCÈNE

La dégradation climatique est là pour nous le rappeler : les arts techniques inventés par l'homme ont dans leurs usages un impact déterminant autant sur les communautés sociales et culturelles dont il dépend que sur leur environnement. Par le fait même qu'elles relèvent d'une création d'ordre sémiotique, la pratique de ces techniques donne sens au milieu pour le transformer au profit de l'homme vivant nécessairement en société. Loin de toute objectivation en « nature » pour l'exploitation et les profits que l'on a dits, notre milieu est un monde que la perception sensorielle et intellectuelle rend d'emblée signifiant ; c'est un environnement qui est constamment configuré et refiguré par nos savoirs, nos pratiques et nos discours, dans une interaction qui nous confronte désormais aux problèmes écologiques que l'on sait.

Face à l'urgence et à l'impératif du tournant écologique, face à la rupture écosocialiste qu'il exige avec un capitalisme destructeur des communautés des hommes et de leurs milieux, techniques et technologies doivent être non seulement reconçues et recréées, mais elles doivent aussi être subordonnées à des finalités autres que l'unique profit économique et financier.

Une telle rupture exige une anthropopoiétique[8] doublée d'une écopoiétique : une anthropopoiétique entendue comme fabrication sociale et culturelle de l'être humain en échange avec d'autres et une écopoiétique comprise comme construction de l'homme et de la femme en relation interactive avec leur milieu. D'ordre aussi bien physique que sémiotique ces deux processus en combinaison nous invitent à repenser l'interaction complexe des hommes et de leurs communautés avec leur indispensable environnement, un environnement signifiant qu'on ne peut que faire signifier à notre usage matériel, social et culturel.

Claude CALAME
EHESS, ANHIMA

8 Sur le concept opératoire d'« anthropopoiésis », je renvoie en particulier aux différents essais publiés par Affergan, Borutti, Calame, Fabietti, Kilani et Remotti, 2003.

LES DÉBUTS D'UNE SCIENCE DE LA NATURE

C'est dans les premières décennies du VIe siècle av. J.-C., à Milet, riche cité portuaire sur la côte ionienne, que l'on situe traditionnellement les débuts de la philosophie et de la science de la nature en Grèce ancienne. Bien que l'emploi anachronique de ces catégories fasse débat, on accepte généralement que la rupture d'avec la forme et le contenu des récits théogoniques opérée par les penseurs milésiens constitue un tournant majeur dans l'histoire de la pensée grecque. Dans la succession Thalès – Anaximandre – Anaximène, se dessine en effet un nouveau paradigme intellectuel qui se donne pour objet l'histoire naturelle de l'univers et de ses parties constitutives, depuis les origines jusqu'à son éventuelle disparition. Dès lors, comment la nature *en tant que telle* est devenue un objet de connaissance en Grèce ancienne ? Comment sa science s'est-elle constituée ?

Dans les mythes cosmo-théogoniques qui sont parvenus jusqu'à nous, dont la *Théogonie* d'Hésiode (VIIIe-VIIe s.) fournit l'expression la plus complète et systématique, la naissance de l'univers, sa structure présente et sa permanence future sont expliquées au moyen d'un modèle de type généalogique qui retrace les accouplements et les naissances des dieux depuis les origines jusqu'à l'établissement d'un ordre divin et humain dont Zeus est à la fois le père et le garant. Bien que présupposée par ce modèle génératif, la nature comme telle n'est pas l'objet principal de ces mythes. Certes, le monde physique et ses divinités correspondantes font partie des entités déployées dans la cosmogonie – notamment à partir de Terre et de sa descendance immédiate : Ciel, les montagnes, la mer, le fleuve Océan (*Théog.*, 126-133) – mais la fonction principale de ces entités est de fournir le cadre spatial à l'histoire des conflits inter-divins. Une toute autre perception de la nature apparaît dans les *Travaux et les jours*, où Hésiode analyse les conditions générales de l'existence humaine en fonction de deux grands thèmes que sont la justice et le travail (défini comme un « ensemble d'activités », *erga*), notamment le travail agricole dont ce poème didactique constitue le premier traité connu dans la culture occidentale. Hésiode déduit les conditions de l'existence humaine à partir de deux mythes : le récit relatif à Prométhée et Pandore, qui instaure la nécessité du travail comme conséquence de la justice divine, et le mythe eschatologique des races, qui permet de comparer diachroniquement la condition présente des mortels avec des races humaines disparues. À la race de fer qui est la nôtre, les dieux ont caché les moyens de subsistance (*bios*) que seul le travail agricole extrait de la terre (*Travaux*, 42-46). Dans l'image du monde qui se dégage des *Travaux et les jours*, la nature est perçue comme un vaste système sémiotique composé d'indications que les humains doivent apprendre à lire correctement s'ils veulent subvenir à leurs besoins immédiats, voire prospérer. Certains phénomènes naturels (astronomiques, météorologiques, botaniques, zoologiques) sont ainsi porteurs de signaux qu'il faut savoir déchiffrer non pas dans le but désintéressé d'une connaissance théorique de la nature, mais dans la perspective instrumentale de l'agriculture et de l'économie domestique. En ce sens, le savoir pratique codifié par Hésiode se déploie en fonction du calendrier du fermier, avec ses cycles annuels ou mensuels, où chaque phénomène signifiant de la nature demande l'exécution d'une tâche concrète, comme le labourage ou la récolte (*cf. Travaux*, 448-452 et 483-492). S'il est indéniable que les *Travaux et les jours* font des phénomènes naturels un objet de connaissance, l'intérêt prédominant est la production du *bios* plutôt que l'explication de la *phusis* (nature).

Pour rendre compte de l'émergence d'un intérêt théorique pour la nature, il convient de prendre en considération dans l'analyse des sources deux critères fondamentaux : la *positivité* des contenus et la *publicité* de la forme[1]. La positivité des contenus traduit le processus de naturalisation du monde divin dont témoignent les premières cosmologies philosophiques dans leur tendance à l'abstraction et à la suppression des divinités traditionnelles. Quant aux conditions formelles de l'exercice de la philosophie, le discours philosophique ne sollicite pas, à ses débuts, le concours ni l'autorité des Muses pour son

1 Voir Vernant, [1957] 2007a, p. 577-603.

énonciation, il s'inscrit d'emblée dans l'espace public sans être protégé par une garantie d'ordre divin[2].

Au VIe siècle, la spéculation sur la nature prend une forme nouvelle chez les Milésiens. Quel qu'ait été le propos de Thalès sur l'eau (LM D3-D4)[3], sa nouveauté tient au fait que l'eau ne représente pas une divinité ni n'est entourée de puissances primordiales, comme c'est le cas chez Hésiode. Aristote au IVe siècle, saisit cette nouveauté, lorsqu'il observe (*Metaph.*, A3) que la désignation d'un élément naturel par Thalès inaugure un type spécifique de recherche qui consiste à identifier la cause (*aitia*) première de toutes choses dans le substrat (*hypokeimenon*) duquel elles dérivent et dont elles sont constituées. Aristote signale que l'eau comme principe de la réalité physique se trouvait déjà dans certaines représentations mythiques, notamment chez Homère, où le fleuve Océan est appelé « origine des dieux et de toute chose » (*Il.* XIV, 201 et 245), et chez Hésiode, où les dieux jurent par l'eau du Styx (*Théog.*, 399 et suiv. et 775-806). Pour Aristote, il existe cependant une différence importante entre les deux formes de pensée : les anciens poètes ont parlé d'Océan ou de Styx, alors que Thalès a parlé de l'eau. Qui plus est, l'affirmation de Thalès ne dérive pas d'un contenu mythologique, mais de l'observation empirique : c'est en constatant que l'humidité est la condition nécessaire au développent du vivant, que Thalès aurait, selon Aristote, postulé l'eau comme principe. Cette curiosité positive pour les phénomènes naturels est un trait marquant de la philosophie, telle qu'Aristote la conçoit à ses débuts. Thalès n'a peut-être jamais dit autre chose qu'à l'origine il y avait l'eau, comme un siècle avant lui Hésiode le disait du Chaos. Mais cette affirmation a eu pour effet de figer un principe de référence cosmologique « naturalisé ».

Une fois que l'origine naturelle est réduite à la seule eau, comment faire naître le reste du monde ? C'est avec Anaximandre qu'apparaît une exigence d'explication des processus cosmogoniques réunis sous une même loi de formation. Son écrit, que les commentateurs anciens identifiaient comme étant le premier traité « sur la nature » (*peri phuseos*),

2 Sur le rapport des philosophes présocratiques à Hésiode, voir Iribarren et Koning (éd.), 2022.

3 Les références aux philosophes présocratiques proviennent de l'édition de Laks et Most, 2016.

instaure un mode d'argumentation nouveau selon lequel on déduit du principe posé la totalité du monde physique, depuis sa naissance jusqu'à son dépérissement. Seuls quelques mots du traité ont été conservés dans un commentaire de Simplicius (LM D6) :

> Anaximandre [...] disait que le principe (*arkhê*) et l'élément des choses qui sont est *l'illimité* (*to apeiron*) ; il fut le premier à appeler le principe par ce nom. Il dit de lui qu'il n'est ni eau, ni l'une des autres choses qu'on appelle éléments, mais une certaine autre nature *illimitée* différente, dont naissent tous les cieux et les mondes qui sont en eux. Et les choses d'où les choses qui sont tiennent leur naissance, c'est en elles qu'a lieu aussi leur destruction, *selon ce qu'il faut : car elles subissent châtiment* (*dikê*) *et rétribution (tisis) réciproques pour leur injustice* (*adikia*) selon l'ordre du temps[4].

Anaximandre assigne la fonction de principe à l'*apeiron* (litt. le « non-limité ») qui, contrairement à l'eau de Thalès, n'est pas un élément du monde physique. La substantivation d'un adjectif préexistant, exploitant une ressource de la langue grecque, traduit son abstraction. La phrase d'Anaximandre, telle qu'elle nous a été transmise, illustre la lutte que se livrent les phénomènes naturels : la naissance des uns se faisant aux dépens des autres, chacun est condamné à payer à l'autre l'injustice commise. La régularité et la nécessité des phénomènes naturels sont objectivées à travers un modèle juridique. Dans cette perspective, le fragment ne concerne pas la relation entre les phénomènes naturels et l'*apeiron*, selon une lecture héritée du XIXe siècle, mais la relation des phénomènes entre eux, au sein du monde physique. Cet équilibre n'est pas voué à se maintenir indéfiniment, si l'on accepte, comme on a des raisons de le faire, que le monde d'Anaximandre est destiné à périr. La question de la relation entre la stabilité relative du système de compensation au sein du monde naturel et l'illimité originaire reste ainsi à l'horizon de l'interprétation du fragment : la destruction finale pourrait elle-même, en fin de compte, tenir lieu de « paiement » en contrepartie d'une première génération effectuée par séparation au détriment de l'*apeiron* lui-même. Quoi qu'il en soit, nous sommes devant la première affirmation d'une loi de la nature réglant le devenir du monde, de l'origine jusqu'à son éventuelle destruction. En ce sens, la

4 Il est difficile de savoir avec certitude où la citation d'Anaximandre se termine exactement et où sa paraphrase ou son interprétation commence. Les mots en italiques sont probablement tirés directement du traité.

métaphore juridique qui est au cœur de la phrase d'Anaximandre a non seulement été interprétée comme l'expression d'une légalité universelle, mais aussi comme la projection physique de l'émergence du nouvel ordre politique des cités grecques. C'est ainsi qu'on a pu dresser un parallèle entre la cosmologie d'Anaximandre et un passage d'Hérodote (III.142) où Méandre, successeur désigné de Polycrate, tyran de Samos, s'adresse aux citoyens rassemblés en des termes associant les notions de centralité et d'*isonomie*[5]. Pourtant, le principe de l'ordre naturel d'Anaximandre doit résider dans le principe même de sa cosmologie, à savoir l'*apeiron*. Ce principe, paré de tous les attributs de la divinité (il est inengendré et échappe au vieillissement, *cf.* LM D9), « dirige » et « embrasse » toutes les choses. Donc s'il est quelque part, ce n'est pas au centre, mais à la périphérie de l'univers. La phrase d'Anaximandre se limite en fait à dire que tout excès empiétant « injustement » sur le domaine d'autrui est puni conformément à un ordre qui se manifeste dans le temps. En ce sens, on a observé que le fragment d'Anaximandre se lit peut-être mieux à la lumière du concept d'*eunomie* (relatif à tout ordre politique où la loi se trouve être respectée, qu'il soit égalitaire ou non) qu'à travers la notion d'*isonomie*[6]. Dans cette perspective, la loi naturelle d'Anaximandre ferait plutôt écho à Solon – qui, lui aussi, fait appel au rôle du temps dans l'accomplissement de la justice dans la cité.

La formation du paradigme scientifique milésien culmine avec Anaximène, disciple d'Anaximandre, actif autour de la moitié du VIe siècle. Le caractère évanescent de sa personne contraste avec l'importance qui revient, dans la constitution d'une science de la nature, à son « monisme », fondé sur les propriétés cosmogoniques de l'air. De son écrit original, ne subsistent que quelques termes isolés. Ainsi, la connaissance que nous avons de sa doctrine est fortement dépendante du commentaire d'Aristote, pour qui la thèse d'Anaximène, comme celle de Thalès, se caractérise essentiellement par le fait de poser un principe matériel unique, en l'occurrence l'air, comme fondement du devenir naturel. Les doctrines « monistes » de la nature, dont Anaximène est devenu l'emblème, comportent selon Aristote trois aspects fondamentaux : 1) l'élément qui est principe est ce à partir de quoi il y a génération

5 Voir Vernant, [1968] 2007b.
6 Voir Sassi, 2007.

des choses et le terme final de leur corruption ; 2) toutes les choses sont essentiellement identiques au principe qui est une substance unique ; 3) il n'y a pas de génération ou de corruption en termes absolus, étant donné que cette nature première subsiste toujours. En général, Aristote a tendance à contraster le monisme matériel comme trait distinctif de la physique milésienne du VIe siècle av. J.-C., avec le pluralisme matériel, postérieur d'un siècle, que l'on trouve dans les systèmes d'Anaxagore et d'Empédocle.

Comme Anaximandre, Anaximène donne au principe les attributs d'illimité et d'éternel, nécessaires pour assurer indéfiniment le devenir naturel. Les différents changements qualitatifs de l'air s'expliquent par son mouvement permanent, qui se transforme, par l'effet de la raréfaction, en feu, et inversement, par l'effet de la condensation, en vent, vapeur, eau, terre et pierre (LM D3). L'assise partiellement empirique de la doctrine d'Anaximène lui confère un statut particulier parmi les historiens de la pensée ancienne soucieux de distinguer le raisonnement proprement scientifique de la spéculation ontologique.

À regarder la succession Thalès – Anaximandre – Anaximène, on constate que la diversité des doctrines sur la nature répond à une dynamique réflexive. Une consistance logique préside à la série : chaque nouvelle thèse suppose l'explicitation des implications des affirmations du penseur précédent. Ainsi, l'affirmation de Thalès sur l'eau rompt avec la tradition des généalogies divines en même temps qu'elle pose implicitement la question de savoir comment faire naître le monde physique une fois que l'origine est réduite à un seul élément. Anaximandre, en soutenant que le monde naît non pas de l'eau mais de l'« illimité », non seulement conteste la thèse particulière de Thalès, mais la lit comme une affirmation portant sur la provenance du monde physique – l'eau, étant une masse limitée, ne suffit pas à assurer indéfiniment la fonction d'origine naturelle. Quant à l'air d'Anaximène, il soulève le problème, latent chez Anaximandre, de l'immanence ou de l'universalité du principe : l'« illimité » se situe au-delà de toutes les déterminations internes au monde, tandis que l'air permet de restituer le principe à l'immanence physique – une restitution qui se fait au prix de l'universalité que garantissait l'abstraction du principe anaximandrien[7]. En somme, ce

7 Sur la dialectique qui préside à la série des penseurs milésiens, voir Laks, 2006, p. 136-137.

que la succession des penseurs milésiens permet d'observer quant au processus de formation d'une science de la nature, est que les premiers « philosophes », qui ne portaient pas encore ce nom, eurent à se reconnaître non seulement dans leur rapport externe à un nouvel objet de connaissance, mais aussi sur la base de critères internes, saisissables à travers l'interprétation qu'ils faisaient des doctrines des auteurs qu'ils promouvaient au rang d'antécesseurs.

Leopoldo IRIBARREN
EHESS, ANHIMA

DEUXIÈME PARTIE

NATURE ET DROIT, SOCIÉTÉS, RELIGION

DE LA TRADITION À LA TRANSITION ?

Nature, culture et juristes romains

La justice dépend-elle de la nature ou des normes sociales ? Cette question, qui était déjà au cœur de la sophistique grecque au Ve siècle av. J.-C., ne cesse de ressurgir à chaque époque. Transplantée avec succès à Rome (Cicéron l'évoquait souvent comme exemple par excellence d'une question théorique : « le juste parmi les hommes existe-t-il par nature ou dans leurs opinions[1] ? »), réactivée à l'époque médiévale par le thomisme, et à nouveau, à l'époque moderne, par Hugo Grotius et les tenants du « droit des gens », cette interrogation est parvenue jusqu'à nous sans donner signe d'affaiblissement, et la « *jurisprudence* » anglophone en fait même l'un de ses champs de jeu préférés. Cette question devient plus aiguë précisément aux époques où les êtres humains font le plus grand effort pour comprendre ce qui les entoure et ce dont ils font partie. Ce qu'on dit de l'impulsion donnée à la réflexion sur la morale et la politique par la spéculation ionienne sur la nature pourrait être répété aujourd'hui[2], alors que la science progresse rapidement dans la compréhension du vivant et de la matière. Dans la mesure où les théories scientifiques s'efforcent de fonder les lois de l'être et du devenir, la loi humaine et ses fondements sont remis en cause. Cependant, en dépit de toutes les révolutions scientifiques qui se sont produites, la façon dont la pensée contemporaine articule le rapport entre ces notions dépend encore largement de la pensée grecque et romaine et de ses réinterprétations. Est-il légitime de mobiliser cette tradition pour penser la transition ?

« Jusnaturalisme » : il suffit d'évoquer ce terme pour mesurer d'emblée la dimension du problème auquel doit faire face celui qui s'aventure

1 Cic. *De orat.* 3.113 : *quaeritur* [...] *naturane sit ius inter homines an in opinionibus* ; *Part. orat.* 62 ; *Top.* 29.

2 Pour les théories sur les éléments naturels chez les philosophes milésiens, voir dans ce volume L. Iribarren.

aujourd'hui à parler de *ius* et de *natura* du point de vue de la pensée juridique romaine, comme nous nous proposons de le faire ici. Ce qui fait barrage à la compréhension des idées anciennes, c'est justement l'épaisseur de la tradition interprétative accumulée sur les textes juridiques recueillis par Justinien dans le *Corpus Iuris Civilis*. Devenus depuis le XIe siècle la base de l'enseignement universitaire en Europe, irriguant aussi la pratique judiciaire des différents pays, ces textes ont façonné la pensée moderne et la philosophie même du droit. Et si le risque de lire le passé à la lumière de ses réinterprétations modernes est vrai en général, cela vaut d'autant plus dans ce cas. Les textes du *Corpus Iuris* – avec le renfort des traités d'Aristote et de Cicéron – ont marqué l'élaboration du « droit naturel » à partir du XVIIe siècle. Le jusnaturalisme moderne n'a jamais cessé, depuis, de représenter l'un des ressorts idéologiques les plus productifs, donnant lieu à un large éventail de théories juridiques aujourd'hui encore très vigoureuses, notamment comme substrat des droits de l'homme. Les historiens du droit, qui sont eux aussi des juristes imprégnés de la culture de leur temps, peinent à se soustraire à des idées devenues presque un bien commun.

Constater que la relation entre « nature » et « droit » est avant tout un problème historiographique pourrait être déjà la juste conclusion de ces lignes : un rappel prudent et peut-être pas inutile. Cependant, il est bien connu que l'histoire de la réception d'un *corpus* de textes est plus efficace si elle est basée sur la connaissance des textes eux-mêmes. C'est donc comme contribution à un exercice de réflexivité que nous proposerons, dans la suite, quelques précisions.

La première clarification est d'ordre lexical et conceptuel. Les Grecs utilisaient d'habitude *dikaion*, *physis* et *nomos* comme termes de la triade problématique. Le latin remplace *dikaion* par *ius*. Dans ce contexte, il convient donc de traduire *ius* par « justice » ou « juste » (au lieu du terme plus courant de « droit ») et de formuler ainsi la question : « Ce qui est juste dépend-il de la nature ou des lois ? ». Quant au terme que les Romains opposent à *natura*, il s'agit normalement de *lex* avec une portée équivalente au grec *nomos* par exemple dans Salluste, *De Catilinae coniuratione*. 9.1 : « parmi eux, le juste et le bien tirait sa force moins des lois que de la nature[3] ». Cependant, on

3 *Ius bonumque apud eos non legibus magis quam natura valebat*. *Lex*, dans ce genre de contextes – d'autant plus si l'on tient compte de son rapport implicite avec *nomos* – pourrait se

trouve également le terme *mos*, indiquant lui aussi les règles en vigueur dans une communauté[4] ou *condicio hominum et pactio*, donc les normes produites par le consensus des citoyens[5] ou enfin *opinio*, « avis » ou « conviction ». Ce sont des termes différents, certes, mais presque équivalents dans ce contexte : en couple avec *natura*, ils définissent tous la polarité que nous exprimons aujourd'hui par les antonymes asymétriques « nature/culture ».

Après ces précisions lexicales et sémantiques, penchons-nous sur l'interrogation elle-même. Qu'est-ce que signifie au juste examiner cette relation triadique, *ius*, *natura* et *lex* ? La question renvoie, au moins, à deux interrogations distinctes (nous en évoquerons plus loin une troisième) : a) Quel est le fondement du *ius*, la nature ou le droit positif ? b) Si l'on admet que le *ius* se fonde (en tout ou en partie) sur la nature, quel est le contenu de ce *ius naturae* ? Distinguer ces deux thèmes, le fondement et le contenu, facilite l'analyse.

À la première question, sur le fondement, les Stoïciens répondaient que la nature – et non la *lex*, c'est-à-dire les normes établies par les peuples – est la vraie source du *ius*. Ainsi que le répète Cicéron, « il n'y a rien de plus important que de bien comprendre que nous sommes nés pour la justice, et que le juste n'a pas été établi par l'opinion, mais par la nature[6] ». D'où, réciproquement, la conclusion qu'on peut qualifier de « moniste », qui identifie la *lex* (au sens le plus élevé et le plus vrai du terme) avec la loi de nature, comme le dit encore Cicéron : « la loi est la raison suprême inhérente à la nature[7] ». Cette approche « moniste » exclut par conséquent que les lois votées par le peuple et contrastant avec la nature puissent être définies comme des *leges* au sens propre, c'est-à-dire productives de *ius* au sens authentique[8].

Les juristes romains ne vont pas aussi loin que les Stoïciens, même s'ils puisent volontiers à leurs doctrines les plus divulguées. Ainsi, par exemple, les juristes reconnaissent sans hésiter que l'esclavage est *contra*

traduire aussi par « droit » ; le mot « loi » souligne le fait qu'il s'agit de règles explicitement établies par la communauté politique.

4 Cic. *Part. orat.* 62.

5 Cic. *Top.* 29.

6 Cic. *Leg.* 1.21 : *nihil est profecto praestabilius quam plane intellegi nos ad iustitiam esse natos, neque opinione, sed natura constitutum esse ius.*

7 Cic. *Leg.* 1.18 : *lex est ratio summa insita in natura.*

8 Cic. *Leg.* 2.11.

naturam[9], mais ils ne proposent pourtant pas de l'abolir. Au contraire, l'une des principales fonctions remplies par leur pensée a été de donner aux propriétaires tous les instruments techniques pour exploiter la valeur patrimoniale des esclaves. La conception des juristes romains n'était donc pas moniste, mais « dualiste » : le *ius* établi par convention sociale (*lex*) coexiste avec le *ius* conforme à la nature, sans qu'il y ait une coïncidence nécessaire entre les deux. Les juristes admettaient donc la possibilité d'un décalage. Mais c'est là tout l'intérêt de leur posture. Ils utilisaient cette distance entre droit en vigueur et droit conforme à la nature comme un espace métaphorique et argumentatif, c'est-à-dire comme une ressource discursive pour construire le réseau conceptuel plus efficace par lequel appréhender et gouverner les faits sociaux. Nous reviendrons plus tard sur cet aspect.

La deuxième question concernant le rapport entre le *ius* et la *natura* porte sur le contenu. Une fois admis que le juste est (en tout ou en partie) déterminé par la nature, quelles sont les règles de ce *ius naturae* (ou *ius naturale*, que les juristes romains aiment appeler également *aequitas naturalis*, terme que l'on peut rapprocher davantage du grec *dikaion physikon*) ?

Pour le comprendre, il faut partir du constat que la pensée juridique romaine était ouvertement anthropocentrique : « Tout le droit a été établi pour les êtres humains[10] ». Le point de départ est que les juristes adoptaient la notion d'*oikeiosis*, d'appropriation, que Cicéron présentait ainsi : « D'abord la nature a donné à tout le genre des êtres vivants une inclination à se conserver eux-mêmes, leur vie et leur corps, à éviter tout ce qui leur paraît nuisible, à rechercher et à mettre en état tout ce qui est nécessaire à la vie, nourriture, abri, et autres choses du même genre. À tous les êtres vivants appartient aussi en commun le penchant à s'unir en vue de la procréation et à prendre soin des êtres qu'ils ont procréés[11] ». Ulpien, juriste majeur du début du IIIe siècle apr. J.-C., s'exprime de manière plus concise que Cicéron, mais parfaitement en harmonie avec cette doctrine : « Le droit naturel est celui que la nature a enseigné à tous les animaux. Car ce type de droit n'est pas particulier

9 *Digesta Iustiniani* (= D.) 1.5.4, 1 Flor. 9 *inst.*
10 D. 1.5.2 Hermog. 1 *iuris epit.* : *hominum causa omne ius constitutum* [*est*].
11 Cic. *Off.* 1.11 (trad. E. Bréhier in Bréhier et Schuhl, 1962).

au genre humain, mais il est commun à tous les animaux qui vivent sur la terre et dans la mer, et même aux oiseaux. De là descend l'union de l'homme et de la femme que nous appelons mariage, de là la procréation des enfants, de là l'instinct à leur éducation ; nous voyons en effet que les autres animaux également, même les bêtes farouches, semblent posséder la connaissance de ce genre de droit[12] ».

Si nous gardons à l'esprit cet arrière-plan (emprunté par les juristes aux philosophes), il est clair que la nature dont parlent les juristes doit être comprise comme caractère inné du vivant. En d'autres termes : ce n'est pas le monde extérieur, mais l'inclination de l'individu qui entraîne un ordre social. En outre, jusqu'à un certain degré, les humains et les non-humains semblent faire partie d'un même « écosystème juridique ».

Si cela est l'arrière-plan, l'étape suivante est la plus délicate : elle consiste à tirer, de ce caractère inné du vivant, des règles de conduite. C'est le moment où la « nature » (en tant qu'inclination innée) se transforme en droit. D'abord et avant tout, de l'inclination des vivants à se conserver eux-mêmes, naît le principe d'autodéfense : « on y rapporte la faculté de repousser la violence et les injures ; car ce droit (de nature) fait que tout ce qui est accompli pour la défense de son corps est considéré avoir été fait selon droit[13] ». D'autres règles en découlent, comme l'obligation d'entretien qui subsiste réciproquement entre parents et enfants.

Mais ce n'est que la première étape : si dans certaines pulsions primordiales il est assimilé aux autres animaux, l'homme s'en distingue, car il participe à la raison qui devrait le guider, lui seul parmi les vivants, vers la vertu. Séparé des non-humains, les humains sont par ailleurs en communion entre eux (et également, aux moins en partie, avec les dieux) : avec pour conséquence – toujours en termes de règles juridiques – de ne pas pouvoir nuire aux autres humains, ce qui constituerait un délit. Autre conséquence, la *fides*, comprise comme faculté d'autodétermination de l'homme, qui l'engage envers ses semblables auxquels il donne sa parole. C'est la théorie des degrés de la société énoncée par Cicéron et

12 D. 1.1.1.3 Ulp. 1 *inst.* : *Ius naturale est, quod natura omnia animalia docuit : nam ius istud non humani generis proprium, sed omnium animalium, quae in terra, quae in mari nascuntur, avium quoque commune est. Hinc descendit maris atque feminae coniunctio, quam nos matrimonium appellamus, hinc liberorum procreatio, hinc educatio : videmus etenim cetera quoque animalia, feras etiam istius iuris peritia censeri.*

13 D. 1.1.3 Flor. 1 *inst.* : *Ut vim atque iniuriam propulsemus : nam iure hoc evenit, ut quod quisque ob tutelam corporis sui fecerit, iure fecisse existimetur.*

reprise par les juristes : « la nature ayant établi une sorte de parenté entre les hommes, c'est abominable qu'un homme attente à la vie d'un autre homme[14] ».

C'est là toute la déchirure entre humain et non-humain, la racine de la séparation de l'homme de l'écosystème, son arrachement pour en faire le centre du monde. Il s'ensuit que les humains peuvent exploiter librement, et en toute licéité, ce qui n'est pas humain. La nature (*rerum natura*), l'ordre du monde, a produit tous les fruits en fonction des hommes ; les juristes le disent expressément, reprenant ici aussi des lieux communs philosophiques : « la nature a créé tous les fruits pour les hommes[15] », où résonne la pensée stoïcienne résumée par Cicéron : « Si nous affirmons qu'il y a des liens de droit naturel entre les hommes, nous n'admettons pas qu'il y en ait entre les hommes et les bêtes. C'est pourquoi Chrysippe a très bien dit que tout dans le monde a été fait pour les hommes et pour les dieux ; mais qu'eux, ils n'ont d'autre destination que de vivre en société et de s'entraider mutuellement ; que les hommes pour leur usage peuvent se servir des bêtes sans injustice[16] ».

La pensée des juristes romains est donc sans aucun doute naturaliste (pour reprendre la catégorisation de Philippe Descola) c'est-à-dire basée sur une idée de « nature » qui sous-tend implicitement une représentation du monde reposant sur une dichotomie entre nature et culture. Plus exactement : même si les humains participent jusqu'à un certain degré de la même nature des autres vivants, ils s'en détachent par des traits distinctifs de leur espèce. Tout le vivant et l'environnement sont organisés selon une construction pyramidale où chaque degré est matière pour le développement du degré supérieur : les humains au sommet.

Une conclusion s'en dégage. La conception du *ius naturae* des juristes ne peut s'expliquer que si elle est replacée dans le cadre de cette vision, que nous pouvons qualifier d'anthropologie politique. En ce sens, il est peut-être réducteur de prétendre que, selon le jusnaturalisme romain,

14 D. 1.1.3 Flor. 1 *inst.* : *et cum inter nos cognationem quandam natura constituit, consequens est hominem homini insidiari nefas esse.*

15 D. 22.1, 28.1 Gai. 2 *rer. cott.* : *cum omnes fructus rerum natura hominum gratia comparaverit* [...].

16 Cic. *Nat. Deor.* 3.66 : *Et quo modo hominum inter homines iuris esse vincula putant, sic homini nihil iuris esse cum bestiis. Praeclare enim Chrysippus, cetera nata esse hominum causa et deorum, eos autem communitatis et societatis suae, ut bestiis homines uti ad utilitatem suam possint sine iniuria.*

l'homme en vient à définir ce qui est licite et ce qui est illicite en vertu de son intuition. En fait, les règles de conduite découlent plus radicalement de sa position au sein du monde, donc de ses pulsions et interactions sociales. Si on fait fi de cette anthropologie politique, le « droit naturel » perd tout son contenu ; réciproquement, tout appel au droit naturel entraîne avec lui (plus ou moins consciemment) cette anthropologie.

Que font les juristes romains du *ius naturae* ainsi élaboré ? La question peut sembler étrange à ce stade, étant donné que, jusqu'à présent, nous avons essayé de reconstruire leur pensée selon deux interrogations, axées sur le fondement et le contenu du *ius naturae*. Mais une troisième question, qui porte sur la fonction de ce *ius naturae*, n'est pas seulement légitime : c'est sans doute la plus intéressante pour ceux dont l'objet est la compréhension de la mentalité des juristes (et non pas celui d'en extraire des paradigmes anhistoriques, prêts à tout réemploi).

La manière la plus directe de s'interroger sur sa fonction est de se demander si, dans leur raisonnement, ils ont eu recours ou pas au *ius naturae* pour résoudre les cas qui leur étaient soumis. La réponse est très mitigée. Leur attitude est similaire à celle des orateurs lorsqu'ils plaident leur cause. Comme l'explique Cicéron, « Les droits de la nature ne sont pas exploités de façon directe [...], car ils ne sont pas impliqués dans notre droit civil et sont quelque peu éloignés de l'entendement du vulgaire ; ils peuvent cependant être fréquemment utilisés comme terme de comparaison ou pour donner plus d'éclat au discours[17] ».

De la même façon, dans la plupart des cas, les juristes ne mentionnent le *ius naturae* que de manière explicative, non argumentative : on pourrait redire, avec Cicéron, *ad rem amplificandam*. Ils affirment qu'une certaine règle déjà en vigueur est conforme à l'*aequitas naturalis* ou au *ius naturae* (les deux expressions, comme nous l'avons vu, sont équivalentes). Ils le font très souvent, par exemple, pour justifier les règles que les préteurs ont introduites dans leur édit pour aider, compléter ou corriger le droit en vigueur. Par exemple, l'édit du préteur admet à la succession non seulement les parents en ligne masculine, mais aussi en ligne féminine, démarche que les juristes expliquent comme un hommage à l'*aequitas*

17 Cic. *Inv.* 2.66 : *ac naturae quidem iura minus ipsa quaeruntur [...], quod neque in hoc civili iure versantur et a vulgari intellegentia remotiora sunt ; ad similitudinem vero aliquam aut ad rem amplificandam saepe sunt inferenda.*

naturalis, qui veut que l'on tienne compte de la *ratio sanguinis*, nous dirions des liens biologiques : on revient ainsi à l'image de la société dessinée par Cicéron et Ulpien, qui rayonne à partir de la génération. De ce point de vue, on peut lire le recours des juristes au *ius naturae* comme un effort colossal non pas de critique, mais de légitimation du droit existant.

En revanche, ils utilisent rarement le *ius naturae* en fonction argumentative, c'est-à-dire pour justifier une solution qu'ils adoptent en allant au-delà du droit existant, tel qu'il était fixé par des lois, des édits ou des institutions traditionnelles. Si rarement qu'il est difficile d'en trouver des exemples fiables.

Mais la référence à la nature par les juristes ne s'arrête pas là. La nature constitue une ressource discursive puissante pour faire coexister des phénomènes contradictoires. Le cas le plus évident est la position des esclaves. Les juristes romains, comme nous l'avons vu, considèrent que « par droit de nature tous les hommes naissent libres[18] » et que ce n'est qu'en effet d'une construction juridique ultérieure qu'ils sont distingués en esclaves et en hommes libres. Mais c'est précisément cette condition de liberté originelle (plus mythique qu'historique) qui sert aux juristes pour créer un espace dans lequel les esclaves peuvent aussi opérer comme libres, évidemment comme libres non pas par le droit civil, mais *naturaliter*, par exemple pour conclure des contrats qui les engagent : « Sur le plan naturel l'esclave aussi s'engage[19] ». Cela découle justement de la *fides* dont nous avons parlé plus haut. Cette dimension ultérieure, ce plan géométrique sous-jacent au droit de la cité permet aux juristes d'attribuer une certaine autonomie aux esclaves (il en va de même pour les enfants soumis à l'autorité paternelle), mais en même temps de maintenir cette inclusion dans ses bornes, en l'ancrant à la figure du propriétaire, à celui qui a le pouvoir sur l'esclave. Si à propos de la relation entre l'humain et le non-humain, la pensée juridique romaine est anthropocentrique, parallèlement, pour penser les relations entre les hommes, elle met au centre la figure du sujet qui a tout pouvoir sur lui-même (*sui iuris*), auquel les autres sujets sont subordonnés. La hiérarchie du monde naturel se duplique dans une autre hiérarchie à l'intérieur de la société humaine.

---

18 D. 1.1.4 Ulp. 1 *inst.* : *cum iure naturali omnes liberi nascerentur.*

19 D. 12.6.13, Paul. 10 *ad Sab.* : *naturaliter etiam servus obligatur.*

La pensée juridique romaine utilise la nature (comprise comme une impulsion individuelle innée qui, par la somme de ses interactions, donne un ordre aux relations sociales) afin de légitimer le droit en vigueur et comme un expédient technique pour catégoriser les faits sociaux. Son noyau est une conception d'abord anthropocentrique et ensuite potestative. C'est pour cette raison que toute tentative de réutiliser les textes du *Corpus Iuris Civilis* pour penser le dépassement de la dichotomie entre nature et culture (comme lorsqu'on invoque les *res communes omnium* comme prétendu paradigme des « communs »), vers un gouvernement du monde pensé comme un écosystème dont les humains ne sont qu'une composante parmi d'autres, risque d'être fragile et finalement contre-productive. Mais tout n'est pas perdu. Si la pensée juridique antique peut encore nous accompagner dans la transition en cours, c'est en nous révélant les valeurs implicites que la tradition a déposées dans notre pensée contemporaine.

Dario MANTOVANI
Collège de France, ANHIMA

À QUI APPARTIENT LA NATURE ?

La réflexion des juristes romains

« En vertu du droit naturel, les choses suivantes sont communes à tous : l'air, l'eau courante, la mer aussi, et par conséquent les rivages de la mer[1] ». Cette phrase du juriste romain Marcien (*Aelius Marcianus*, premier tiers du IIIe siècle de n. è.) est tirée du livre III de ses *Institutiones* et retranscrite dans la compilation réalisée au VIe siècle à la demande de l'empereur Justinien, le *Digeste* (1.8.2.1).

Dans la dernière décennie, certains politistes, juristes ou philosophes ont vu dans ce passage la préfiguration de réflexions contemporaines qui proposent d'attribuer aux éléments naturels un statut juridique qui ne relève ni du public, ni du privé. C'est un article du démographe Garrett Hardin, dans la revue *Science*[2], qui a popularisé dans le monde anglo-saxon la notion de *commons*, que l'on pourrait traduire par « ressources partagées ». Hardin, qui posait en fait le problème du risque d'une croissance exponentielle de la population dans un monde aux ressources limitées, mobilisait au détour de son raisonnement le parallèle d'un *common* qui serait un pâturage : si chaque exploitant privilégie son intérêt individuel en faisant paître de plus en plus de têtes de bétail, on aboutit nécessairement à l'épuisement de la ressource. Étrangement, alors qu'Hardin concluait que la « coercition mutuelle » exercée par les individus les uns sur les autres constituait peut-être une issue, les auteurs qui ont ensuite cité son article l'ont souvent réduit à son titre, « *The Tragedy of the Commons* », pour affirmer que la gestion collective d'une ressource était par définition non viable, voire pour attribuer à Hardin des idées néo-libérales. C'est donc en réaction revendiquée à Hardin que se sont inscrits les travaux d'Elinor Ostrom, récompensés du prix Nobel d'économie en 2009. À partir de

---

1 Fr. 30 (éd. Dursi) : *Et quidem naturali iure omnium communia sunt illa : aer, aqua profluens, et mare, et per hoc litora maris.*

2 Hardin, 1968.

son ouvrage *Governing the Commons*, publié en 1990, E. Ostrom a étayé sa réflexion principalement sur l'étude de terrain des communautés de pêcheurs. Elle a montré que des ressources naturelles sont gérables efficacement par une communauté d'individus, parce qu'ils disposent d'un bon degré d'information sur la situation locale et peuvent élaborer à leur échelle des contrats de coopération. À partir de là, elle a établi une liste de conditions à remplir pour que des *commons* soient gérés de façon durable[3]. La notion de *commons* s'est dès lors introduite dans les réflexions contemporaines en matière environnementale, marquant un changement de paradigme. Là où l'on considérait, depuis le début du XIXe siècle, les ressources naturelles sous l'angle de leur propriété ou titularité (un bien étant soit public soit privé), il s'agit désormais de décaler la perspective vers l'usage ou la destination de ces ressources. En Italie, la « commission Rodotà », chargée en 2007 de produire un rapport préparatoire à une révision du Code Civil, a ainsi proposé d'introduire une nouvelle catégorie juridique, les *beni comuni*, caractérisés par leur utilité pour l'exercice des droits fondamentaux. Il faut, certes, reconnaître que la prolifération des publications sur les *commons* conduit à un élargissement constant de la notion, qui en vient à regrouper des éléments extrêmement hétérogènes. E. Ostrom raisonnait sur des ressources naturelles partagées. Dans le rapport Rodotà, à côté de l'environnement, les *beni comuni* incluent également le patrimoine culturel. Dans le monde anglo-saxon, certains auteurs intègrent aux *commons* des ressources immatérielles comme la connaissance ou l'*open-access*, des services publics comme l'éducation ou la santé, voire détachent la notion de *commons* de celle de ressources, en faisant des *commons* un ensemble de pratiques relatives à une communauté, au point de qualifier la démocratie de *common*. Dans ce contexte intellectuel foisonnant, notre passage de Marcien a été cité pour affirmer que le juriste romain avait élaboré une catégorie juridique, les *res communes omnium*, qui anticiperait les *commons* contemporains. D'une part, les éléments énumérés par Marcien (« l'air, l'eau courante, la mer, [...] les rivages de la mer ») renverraient à la notion d'environnement. D'autre part,

3 Qu'ils aient des limites clairement définies ; qu'ils soient gérés selon des règles construites à l'échelle locale et approuvées par la communauté des usagers ; qu'il y ait un contrôle de l'application des règles, avec un système de sanctions graduées contre les contrevenants ; que la résolution des conflits entre usagers soit aisée ; que la communauté locale soit reconnue par les autorités aux échelons supérieurs.

dans le *Digeste*, notre extrait est précédé d'une autre citation de Marcien (*Digeste* 1.8.2.pr.), qui affirme que « Certaines choses, en vertu du droit naturel, sont communes à tous ; certaines relèvent d'une collectivité ; certaines ne relèvent de personne ; la plupart relèvent des individus, et leur sont acquises par des causes variées[4] ». Les « choses communes à tous » évoquées par Marcien ne rentreraient donc ni dans la catégorie des biens publics, ni dans celle des biens privés, tout en renvoyant à l'idée d'usage collectif. Plusieurs juristes italiens se sont légitimement élevés contre ces interprétations, en soulignant non seulement qu'on risque *a priori* l'anachronisme en projetant sur les textes antiques les débats actuels, mais que la notion contemporaine de *commons* vise, en matière écologique, à assurer la protection des ressources naturelles, alors que les Anciens ne semblent même pas toujours avoir eu conscience du caractère limité de ces dernières.

Comment, alors, comprendre le passage de Marcien ? Depuis le milieu du XIXe siècle, les spécialistes de droit romain ont vu dans ce texte un témoignage des débats en œuvre, dans la pensée juridique des IIe-IIIe siècles de n. è., sur le statut des *res* (« choses », à comprendre à la fois comme biens et causes judiciaires relatives à ces biens). Dans le *Digeste*, le passage de Marcien dont nous sommes partis apparaît sous le titre 1.8, *De diuisione rerum* (« La classification des choses »). Y sont rassemblés essentiellement des morceaux choisis des *Institutes* de Gaius (juriste romain actif dans les années 140-180 de n. è.) et des *Institutes* de Marcien. Ces deux livres homonymes étaient des manuels de droit qui comportaient chacun une section consacrée au droit de propriété. Dans le titre 1.8 du *Digeste*, une citation de Gaius sert d'abord à définir les *res diuini iuris*, par opposition aux *res humani iuris* (biens destinés au culte des dieux *vs* biens destinés aux hommes), avant que n'apparaisse la citation de Marcien du *Digeste* 1.8.2.pr., qui sert à subdiviser en sous-catégories les *res humani iuris* et ainsi annoncer le plan du reste du titre 1.8. Dès lors, les modernes se sont interrogés sur deux points. Fallait-il créditer Marcien de l'invention de la notion de « choses communes à tous » ? Comment Marcien se positionnait-il respectivement à d'autres juristes des IIe-IIIe siècles, qui eux classaient les fleuves, la mer et ses rivages parmi les « choses publiques » (*res*

4 *Quaedam naturali iure communia sunt omnium, quaedam uniuersitatis, quaedam nullius, pleraque singulorum, quae uariis ex causis cuique adquiruntur.*

publicae)[5] ? Alors que Marcien a longtemps été considéré comme un novateur imprégné de culture philosophique, dont la pensée serait demeurée isolée, les études récentes tendent plutôt à penser qu'il prolongea la réflexion de juristes qui l'avaient précédé, en particulier *Celsus* (actif à l'époque d'Hadrien), dont une citation au *Digeste* 43.8.3.1 indique qu'il concevait la mer comme ouverte à l'usage de tous. Sur la seconde question, les spécialistes concordent sur le fait que Marcien connaissait la notion de *res publicae*, et qu'il avait dû originellement l'insérer dans sa classification du *Digeste* 1.8.2.pr. : ce seraient les vicissitudes de la transmission manuscrite du texte du *Digeste* qui expliqueraient l'omission des *res publicae* dans le texte qui nous est parvenu. Marcien aurait élaboré la notion de « choses communes à tous » à partir du concept de *res publicae*, en affinant soit la notion de *res publicae iuris gentium* (biens considérés comme publics tant par les citoyens romains que par les autres peuples), soit celle de *res in usu publico* (biens d'usage public, protégés par les interdits prétoriens). Alvise Schiavon a avancé l'intéressante idée que la formalisation, chez Marcien, des « choses communes à tous » exprimait le besoin, suite à l'édit de Caracalla qui donna la citoyenneté romaine à tous les hommes libres de l'empire, d'universaliser des notions juridiques, telles que les *res publicae*, qui jusqu'alors se rapportaient au seul peuple romain. C'est essentiellement à Domenico Dursi que l'on doit, dans les dernières années, l'analyse la plus approfondie de la pensée de Marcien[6]. Le dernier membre de la phrase, en *Digeste* 1.8.2.pr., montre que ce qui intéressait ce dernier était de déterminer dans quels cas un bien pouvait être l'objet d'appropriation par un individu. Marcien semble alors avoir conçu les « choses communes à tous » comme des choses qui n'étaient pas susceptibles d'appropriation dans leur totalité, mais dont on pouvait se saisir d'une partie, tant que l'on n'en empêchait pas l'usage par autrui. Le concept n'était pas purement théorique, mais fut utilisé par la juridiction impériale pour régler des litiges entre propriétaires de villas maritimes et pêcheurs : en matière d'accès à la mer ou d'occupation du rivage, les « choses communes à tous » permettaient de concilier protection de la propriété privée et liberté de pêche.

5 *Digeste* 1.8.10, 39.2.24.pr., 41.1.50, 41.1.65.1, 41.3.45.pr., 43.8.2.9, 43.8.3.pr., 43.8.4, 47.10.13.7, 50.16.112.

6 Dursi, 2017.

Si l'on regarde attentivement le texte de Marcien, on constate que le juriste n'utilise pas l'expression de *res communes omnium*, par laquelle les modernes ont synthétisé sa pensée, mais une formule assez vague, au neutre pluriel, *communia omnium.* Il fonde cette notion sur celle de « droit naturel », *ius naturale.* Cette expression, chez les juristes romains des IIe-IIIe siècles, avait des significations variables. Les fragments conservés de Marcien ne comportent pas d'autres références explicites au *ius naturale* qui permettraient de comprendre comment il entendait cette notion, mais une de ses citations reprise au *Digeste* 40.11.2 (frg. 7 éd. Dursi) suggère qu'il jugeait que tous les hommes naissent libres par nature, et donc que pour lui le *ius naturale* était un état antérieur au *ius gentium* (le droit commun aux citoyens romains et aux autres peuples) et au *ius ciuile* (le droit propre aux citoyens romains, appliqué dans le cadre de leur communauté), qui eux avaient institué l'esclavage. Dans le *Digeste*, la définition des « choses communes à tous en vertu du droit naturel » donnée par Marcien est immédiatement suivie d'une citation de *Florentinus* (juriste contemporain de Marcien), tirée du livre 6 de ses *Institutiones* : « De même les pierres, les pierres précieuses, etc., que nous trouvons sur le rivage nous appartiennent immédiatement en vertu du droit naturel[7] ». Il semblerait donc que les compilateurs justiniens aient considéré que la première application du concept de « choses communes à tous en vertu du droit naturel » ait été de fournir un critère qui permettait de juger du caractère légitime du passage des « choses qui ne relèvent de personne » aux « choses qui relèvent d'un individu ». Lorsque quelqu'un chassait, pêchait, ramassait des coquillages ou des cristaux, dans quels cas pouvait-il considérer sa prise comme sienne ? La réponse était que cela dépendait de l'endroit où il l'effectuait : dans l'air, l'eau courante, la mer et ses rivages, capturer ou ramasser un animal ou un objet était licite ; dans les autres cas, il s'agissait d'un vol aux dépens d'un légitime propriétaire. Autrement dit, les « choses communes à tous en vertu du droit naturel » fondaient une théorie de l'*occupatio*, l'appropriation par saisie des *res nullius* (« les choses qui ne relèvent de personne »). Marcien était donc à mille lieux d'anticiper la notion contemporaine de *commons* ou de se soucier de la préservation des ressources naturelles : ce qui l'intéressait, c'était au contraire la possibilité de s'approprier des

7 *Digeste* 1.8.3 : *Item lapilli, gemmae, caeteraque, quae in litore inuenimus, iure naturali nostra statim fiunt.*

« morceaux » de la nature, et les conflits possibles avec l'exercice du droit de propriété d'autrui.

Domenico Dursi a relevé la proximité entre notre passage de Marcien et une comédie de Plaute (actif entre 204 et 184 av. n. è.), et suggéré que la notion juridique des « choses communes à tous » avait peut-être par conséquent des origines anciennes. Le *Rudens* (« *Le cordage (du filet de pêche)* ») raconte les aventures d'une jeune fille, Palestra, enlevée à sa famille par un pirate et vendue à un proxénète. Pour la soustraire à un jeune homme qui tente de la délivrer, l'affreux personnage fait embarquer Palestra sur un navire à destination de la Sicile. Une tempête provoque le naufrage de l'embarcation, privant Palestra d'une mallette qui contenait les quelques objets la rattachant encore à sa famille. Un esclave parti à la pêche, Gripus, ramène la mallette dans ses filets et espère en tirer de quoi acheter sa liberté, mais un autre esclave, qui a reconnu l'objet, menace de le dénoncer pour vol s'il ne partage pas sa prise. Gripus justifie alors sa position en affirmant que « la mer, c'est certain, est commune à tous[8] », et que la mallette lui appartient par conséquent, tout comme un poisson qu'il aurait pêché. La parodie de raisonnement juridique fondé sur l'analogie visait certes à susciter le rire du spectateur, mais le texte montre que l'*occupatio* d'une chose n'appartenant à personne, au début du IIe siècle av. n. è., était déjà justifiée par le caractère de l'espace où se faisait la prise. Peut-on s'aventurer à identifier le contexte juridique dans lequel cette idée émergea ? Peut-être les litiges concernant la propriété des animaux abattus à la chasse constituèrent-ils un premier terrain de réflexion sur le sujet. Un passage du *Digeste* (41.1.3.1) évoque en effet la possibilité qu'un chasseur poursuivant un animal atteigne ce dernier sur la propriété d'un voisin, et que cela entraîne une contestation. À l'époque républicaine, peut-être ce type d'affaire entrait-il dans le champ d'application de la loi Aquilia. Cette dernière, vraisemblablement votée dans la seconde moitié du IIIe siècle av. n. è., était constituée de trois chapitres et sanctionnait les atteintes au droit de propriété. Le premier chapitre envisageait le cas où un esclave ou une tête de bétail serait tué. Le chapitre 3, lui, portait sur les dommages infligés aux « autres choses », et Gaius, dans les *Institutiones* 3.217, indique que cette catégorie incluait les bêtes sauvages. C'est ainsi peut-être la jurisprudence visant à protéger les droits de propriété, et le cas particulier des animaux capturés à

8 Plaute, *Rudens*, v. 975 : *Mare quidem commune certost omnibus.*

la chasse, qui permirent en négatif de définir les espaces « communs à tous » où il était licite de prendre possession de la nature. On mesure l'écart entre la pensée des Anciens et la nôtre : aujourd'hui, la notion de « communs » interroge l'idée même que la nature devrait être objet d'appartenance.

Clara BERRENDONNER
Université Paris I Panthéon-Sorbonne,
ANHIMA

LA NATURE « CULTURELLE » DES ANCIENS

À propos de Lucrèce et d'Alexandrie

Plusieurs chercheurs ont soutenu ces dernières années la thèse suivante : la notion de « nature », telle que la plupart d'entre nous la concevons couramment (c'est-à-dire comme un « en-dehors » du monde humain, un *environnement* au sens propre, qui « entourerait » le monde des hommes, lequel serait, lui, caractérisé par la « culture » – notion souvent opposée à celle de « nature » – et la technique, donc aussi l'artefact et l'« art ») serait en fait extrêmement récente, et propre à la civilisation occidentale, qu'on la fasse remonter à l'opposition chrétienne entre la chair et l'esprit, au capitalisme des Grandes Découvertes, ou à la révolution cartésienne[1].

Dans ce bref essai, je souhaiterais illustrer cette thèse en demandant à un auteur antique classiquement considéré comme un « poète de la nature » de nous offrir un « regard éloigné » sur notre imaginaire moderne de la nature.

Le *de rerum natura* de Lucrèce est en effet couramment lu comme un texte ayant pour objet « la nature ». Il s'agirait d'une sorte de physique mise en vers. C'est en ce sens par exemple que l'édition et la traduction de Lucrèce par Hermann Diels eut l'honneur, en 1922, d'une préface enthousiaste d'Albert Einstein.

Le but de ma contribution sera de montrer comment ce classique de la « littérature de la nature » dépayse au contraire nos catégories.

Partons du titre du poème : *de rerum natura.* Il est couramment traduit (par exemple dans l'édition des Belles Lettres) par *Sur la nature.*

---

1 Voir *e. g.* Calame, 2015, p. 9 : « Le concept moderne de "nature" a été forgé dès le XVIIe siècle en Europe. Une longue et tenace tradition européocentrée veut que, par filiation, on fasse remonter l'idée de "nature" comme entité objective au concept grec de *phúsis* ». Voir aussi Patel et Moore, 2018.

Mais si on le traduit littéralement, exactement, il est question de la nature *des choses*. Or, que sont ces choses, ces *res* dont Lucrèce nous annonce qu'il va « révéler » (*pandere*) la « nature[2] » ? Et sont-elles toutes « naturelles », c'est-à-dire « physiques » ?

Pour y répondre, commençons par nous intéresser aux modèles grecs de Lucrèce : les poèmes présocratiques *peri phuseôs*, à commencer par celui d'Empédocle. Là aussi, on croit trop souvent que le mot *phusis* se suffit à lui-même, et l'on parle souvent du *Sur la nature*. Or, pas plus qu'en latin, le mot *phusis* ne « tient » tout seul. Les titres des modèles grecs de Lucrèce sous-entendent en réalité *peri phuseôs tôn ontôn*, « sur la nature des étants ».

Ainsi, on peut poser l'équation *res = onta*.

Autrement dit, alors qu'en français comme dans d'autres langues européennes (pensons à l'allemand *Ding*, à l'anglais *thing*), le mot « chose » désigne un objet inerte (comme l'attestent par exemple les verbes « chosifier » ou « réifier »), les *res* de Lucrèce désignent tout ce qui existe : aussi bien des êtres animés (oiseaux, poissons, animaux domestiqués ou sauvages, hommes, dieux, etc.) que des êtres inanimés (pierres, ciel, mer, terres, fleuves, soleil, moissons, arbres, etc.).

Mais le mot *res*, dans la culture antique, a encore un autre sens : il désigne aussi *toute matière de pensée, de savoir, de connaissance*. C'est tout ce qu'on a dans l'esprit. « Saisis bien ta pensée » (*rem tene*), prescrit Caton aux orateurs, « les mots suivront[3] ».

Dans Lucrèce, le mot a ces deux sens, et cela apparaît dès le premier livre : les *res* sont à la fois *tous les êtres*, animés ou non, et *toutes les connaissances*, c'est-à-dire la totalité des choses dont parlent les savoirs lettrés, telles que « l'esclavage, la pauvreté et les richesses, la liberté, la guerre, la concorde[4] », la beauté et le désir[5], ou encore les « opinions » (*dogmata*) des philosophes : le *dogma* de l'homéomérie, qui appartient à Anaxagore, est présenté explicitement comme une *res*[6], *de même que le dogma* épicurien selon lequel « la variété des formes atomiques n'est pas infinie[7] ».

---

2 *Cf.* Lucrèce, 1, 21 et 25.

3 Caton, *À son fils Marcus*, fr. 15 Jordan (= Iulius Victor, *Art rhétorique*, p. 197 Orelli).

4 Lucrèce 1, 455-457.

5 Lucrèce 1, 471-475.

6 Lucrèce 1, 833.

7 Lucrèce 2, 478.

Esclavage et liberté, pauvreté et richesse, guerre et paix, amour enfin. Dès le premier livre, le poème annonce la couleur : les choses, les *res* dont le poème révèlera « la nature », ce ne sont donc pas seulement les choses « physiques », au sens où nous l'entendons aujourd'hui, mais aussi les choses qui relèvent de ce que nous appelons la « culture » – mœurs, cultes, guerres, techniques, institutions. Et il suffit de parcourir l'ensemble des six livres pour en trouver confirmation : on y rencontre quantité de légendes, de rites, de considérations morales sur les vices et les vertus, de développements historiques sur les origines de la religion, des techniques, des cités, etc.

Ce faisant, Lucrèce reproduit la pratique des auteurs grecs, poètes ou prosateurs, de textes *peri phuseôs*. Fragments et témoignages nous montrent que, dans ces textes également, « nature » et « culture » se côtoyaient. Ils n'exposaient pas seulement des théories « physiques » et « biologiques », « zoologiques » et « anthropologiques », mais se prolongeaient dans une histoire de la civilisation humaine[8].

On retrouve également ce sens « culturel » de la *phusis* ou de la *natura* dans les *Problèmes* dits « physiques » attribués à Aristote, dans les *Questions naturelles* de Sénèque, ou encore dans l'*Histoire naturelle* de Pline l'Ancien, qui ne traite pas seulement de choses relevant de la « nature », de choses physiques, mais aussi de peinture, de magie, ou encore des effroyables massacres perpétrés par César en Gaule[9].

Mais il est un texte moins connu, où ce sens apparaît de façon particulièrement spectaculaire, car il s'agit de la description d'un monument emblématique de la culture lettrée hellénistico-romaine : le sanctuaire de Sérapis à Alexandrie, où se trouvait la « bibliothèque fille » de celle du Musée, celle qui était publique, et où tout le monde pouvait « s'initier au savoir », c'est-à-dire *philosophein*[10]. Dans le propylée du sanctuaire,

8 Voir *e. g.* Naddaf, 1992, 45 et 64. André Laks (Laks, 2006, 11) croit que les développements sur la civilisation humaine apparaissent « plutôt tardivement », et étaient « facultatifs ».

9 Pline l'Ancien, VII, 92, avec le commentaire de Luciano Canfora (Canfora, 1999, p. 135) : « Il "libro nero" della conquista romana della Gallia lo scrisse Plinio il Vecchio ». Plus généralement, sur l'« encycoplédire » de Pline, *cf.* Naas, 2013.

10 Aphthonios, *Progymnasmata*, 12, 8, p. 40, 3-7 Rabe (= *Corpus rhetoricum*, I, p. 150 Patillon) : « À l'intérieur des portiques, on a construit des pièces. Dans les unes, on conserve les livres. Ouvertes à ceux qui aiment peiner en philosophant, elles incitent toute la cité à posséder (*exousia*) le savoir-sagesse (*sophia*). Les autres pièces sont consacrées aux dieux des ancêtres ».

nous dit Aphthonios, se trouve un édifice dont le toit « s'arrondit en une voûte sur le pourtour de laquelle est fixée *une représentation monumentale des êtres* (*onta*)[11] ».

Onta, on s'en souvient, c'est l'équivalent de nos *res*. Qu'étaient ces *onta* d'Aphthonios ? Un commentateur anonyme nous dit que ce pouvait être des « images d'animaux terrestres, marins, amphibies », ou bien « des *récits antiques* », ou encore « des *maximes de sages*[12] ». Comme on le voit là encore, les *onta* vont bien au-delà des réalités physiques. Pour les Anciens, les mythes et les maximes des sages font partie des « réalités », « réalités » qui font l'objet de la *philosophia* encyclopédique hellénistico-impériale. Le commentateur anonyme ajoute en effet que l'ouvrage a été réalisé par « ceux qui ont philosophé *sur la nature* des êtres[13] ».

Mais il faut faire un pas de plus : l'étude de cette *phusis tôn ontôn*, de cette *natura rerum*, procure un plaisir indissociablement intellectuel et esthétique. J'ai essayé de le montrer ailleurs pour Lucrèce[14], mais cette pragmatique esthétique apparaît également ici, à Alexandrie, car le commentateur, nous donnant une indication extrêmement précieuse, nous informe que des représentations comme celle du propylée figuraient fréquemment « dans les belles demeures » d'Alexandrie[15]. Un autre commentateur d'Aphthonios, Jean de Sardes, confirmant que les *onta* correspondent bien au monde, nous dit qu'il « est *historié* (ἱστόρηται) dans toute sa bigarrure[16] ». L'*historia* (histoire/enquête) est *poikilia* : bigarrure, et bigarrure, comme par définition, culturelle. De sorte que, non seulement *phusis* et *natura* débordent largement notre « nature » pour englober la « culture », mais, en réalité, les phénomènes « naturels » sont envahis par la « culture ».

Ce que nous appelons « nature », pour les lettrés de l'Antiquité, n'a rien de « naturel ». La « nature », pour eux, est tout entière et immédiatement

11 *Ibid.*, 6 (p. 39, 11-12 Rabe) : παρὰ δὲ τῷ κύκλῳ μέγα τῶν ὄντων ὑπόμνημα πέπηγεν.

12 *Rhetores Graeci*, 2, p. 654, 11-14 Walz : οἱ μὲν χερσαίων, οἱ δὲ θαλαττίων, οἱ δὲ ἀμφιβίων ζῴων εἰκόνας γράφουσιν, ἄλλοι τῶν παλαιῶν ἱστορίας, ἄλλοι προγράμματα καὶ σοφῶν τινῶν βιωφελῆ παραγγέλματα.

13 *Rhetores Graeci*, p. 654, 14-17 Walz : τυχὸν οὖν καὶ παρὰ τῷ κύκλῳ τοῦ ῥηθέντος οἰκήματος ἐπέπηκτό τι πινάκιον, ᾧ διδασκάλιον τῶν στοιχείων ἐνεφέρετο, πόνημα τῶν περὶ φύσεως τῶν ὄντων φιλοσοφησάντων.

14 Vesperini, 2017.

15 *Rhetores Graeci*, 2, p. 654, 8-11 Walz : εἰκὸς οὖν πεπῆχθαί τι περὶ τῷ κύκλῳ τῆς ὀροφῆς ὑπόμνημα καὶ διδασκάλιον περὶ τῶν ὄντων, οἷα πολλὰ ἐν τοῖς λαμπροῖς ὁρῶμεν οἰκοδομήμασι.

16 *Rhetores Graeci*, 15, p. 328, 12-17 Rabe : τὸ γὰρ ἡμισφαίριον ἐν αὐτῷ ποικίλως ἱστόρηται.

« culturelle ». Vents, étoiles, fleurs, pierres, mer, sources et déserts sont saturés d'histoires et d'érudition.

Aulu-Gelle nous en donne un bel exemple. Un soir, sur le bateau qui les ramène d'Égine au Pirée, les voyageurs se mettent à faire des « discours savants » (*logoi philosophoi*)[17] sur *l'étymologie* des étoiles[18]. Ils se voient du coup réprimander par Gaston Boissier dans la *Revue des Deux Mondes* (1884) : « Voilà ce que trouvent de mieux à faire des jeunes gens qui côtoient les rivages de l'Attique par une belle nuit étoilée ! » Le décalage de la sensibilité est remarquable : la sensibilité post-romantique ne comprend plus la sensibilité antique qui enchante le monde à partir de l'*historia* et de la *poikilia* philosophiques.

Pierre VESPERINI
CNRS, ANHIMA

17 Sur cette pratique sociale très importante des élites à l'époque hellénistique et impériale, voir Vesperini, 2023.

18 Aulu-Gelle 2, 21.

NEC NATURA CARET VITIO...

L'histoire environnementale avec Prudence

Souvent connue comme l'affaire de l'autel de la Victoire, la plus célèbre des controverses opposant les tenants de la continuité des rites polythéistes traditionnels aux partisans de la nouvelle religion chrétienne eut aussi lieu sur le terrain littéraire. En 384, dans un rapport (*relatio*) fameux, Symmaque, alors préfet de la Ville, en défenseur de la coutume, s'y était engagé avec tout le poids et le prestige de son éloquence. Pour la partie chrétienne, les réponses d'Ambroise, dans deux de ses lettres (*Ep.* 17 et 18), furent moins élaborées formellement. Il revint à Prudence, dans les deux livres de son *Contre Symmaque*, de transposer, plus tard, les arguments de la foi nouvelle en langage poétique. Si la première partie de l'ouvrage fut composée peut-être dès les années 390, le second livre du *Contre Symmaque* fut publié seulement en 402 ; on ne saurait cependant dire si sa publication était liée à une réapparition de la dispute. Le cœur de cette dernière concernait la présence, dans la curie où se réunissait le Sénat romain, d'un autel dédié à la déesse de la Victoire sur lequel les sénateurs pouvaient effectuer des actes rituels tels que verser une libation, brûler un peu d'encens.

Toutefois, l'enjeu du plaidoyer de Symmaque était plus grand : il s'agissait de demander le retour à un certain statut de la pratique rituelle (*religionum statum*). En conséquence, la demande ne portait pas que sur l'autel de la victoire, mais aussi sur le financement des cultes, avec une attention particulière pour les vestales dont les privilèges et subsides avaient été supprimés. Symmaque avait trouvé là un moyen d'invoquer l'intérêt général en plaçant un de ses arguments dans un domaine que nous pourrions qualifier d'environnemental. La suppression des émoluments des vestales avait été suivie d'une sécheresse causant, en 383, une famine générale (*fames publica*) : le financement public du culte garantissait l'abondance de tous. Ce qui avait été refusé à la pratique scrupuleuse de rites (*religio*) dans la collectivité et en son nom, manquait désormais à tous. Le débat se trouvait placé sur l'interprétation de faits que nous qualifierions de naturels. Les rites assuraient à Rome un rapport au monde prospère, jusque dans le cadre physique des productions agricoles.

Ambroise s'était attaché, dans sa deuxième lettre adressée à l'empereur, à répondre spécifiquement à chacun des arguments de Symmaque. Il avait pointé les faiblesses de raisonnement concernant la famine. Il moquait la supposée punition choisie par les dieux comme disproportionnée, injuste et singulièrement intempestive, venant longtemps après la suppression de bien d'autres privilèges religieux. Puis, avec une rationalité implacable, il avait souligné la récurrence ordinaire des mauvaises récoltes, relativisé celle dont parlait Symmaque : des provinces et des régions ne l'avaient pas connue. Il insistait enfin sur l'abondance des récoltes de l'année nouvelle, en tournant en dérision l'apparente inconstance des dieux. Dans le second livre de son *Contre Symmaque*, Prudence s'attacha à reprendre une grande partie de l'exposé de l'évêque de Milan. Dans la transposition poétique, l'argumentation se trouva amplifiée et réorganisée. Prudence n'hésita pas à ajouter des considérations qui lui étaient propres, comme en dépeignant la prospérité d'un domaine agricole chrétien après l'éradication des rites polythéistes ruraux (II, 1005-1019). Ces peintures contradictoires des difficultés agraires des années 380 peuvent aujourd'hui être confrontées au données des sciences du paléoenvironnement (dendrochronologie, paléoclimatologie…), susceptibles d'éclairer la situation climatique et météorologique à l'œuvre[1]. En 383, dans plusieurs régions de l'empire la situation semble avoir été sévère, tandis que d'autres provinces n'avaient pas souffert. Si elles furent particulièrement fortes cette année, les difficultés de ravitaillement de Rome n'étaient pas non plus exceptionnelles à cette époque, car aux variations naturelles des récoltes s'ajoutaient les aléas de la logistique de l'annone, bien visibles aussi dans les *relationes* de Symmaque (IX, XVIII, XXXV, XXXVII). Mais si la controverse peut être éclairée ainsi d'un jour nouveau, on peut aussi noter ce qu'elle révèle sur les représentations de ces acteurs. Saisissant le prétexte d'une difficulté agraire, d'une vulnérabilité environnementale, la dispute mobilise des conceptions et des usages de la nature, mais elle amène aussi à les formuler et à les expliciter d'une manière nouvelle.

1 Sur ces années, voir Harper, 2019, p. 251-252.

Dans son premier livre, Prudence réfute les traditions religieuses romaines, discrédite les coutumes aimées de Symmaque en attaquant les trois sources traditionnelles sur les dieux : la mythologie, les pratiques publiques de la cité, l'observation des éléments naturels. Un long passage s'oppose à cette dernière théologie physique (I, 297-378). Les phénomènes naturels sont sans volonté : la régularité du cours des astres démontre leur absence d'intentionnalité. Une condition fixe a été imposée au soleil (I, 311), une loi prescrite et fixe (I, 334). En revanche, l'homme bénéficie d'une liberté, d'une capacité de choix, de la volonté (I, 335-340). Le début du poème l'avait annoncé (I, 12) : il ne faut pas adorer les éléments de la nature, mais l'art de leur Créateur. Derrière les astres, il faut vénérer le vrai Dieu qui dirige toute la nature (I, 324-326). Désormais la nature est vue et conçue comme une création décidée par un créateur qui lui est antérieur et extérieur. Elle n'est plus habitée de puissances et de personnalités divines, elle n'est plus un agent avec lequel dialoguer.

Le livre deux approfondit et enrichit ce point fondamental. Antérieur au chaos, Dieu a créé le monde (II, 96), ce dernier nous montre donc sa puissance. Une nouvelle théologie naturelle prend place : la nature révèle les pouvoirs sans limites du créateur (II, 187-188), elle enseigne sur ses actions (II, 196), elle peut être lue allégoriquement, elle dit la mortalité du monde (II, 130). Pour autant, la nature semble déniée de capacité morale : esclave et non juge (II, 797), le monde est mis à la disposition des hommes, les éléments suivant leur cours quoi qu'il arrive. L'idée que les récoltes aient réagi à l'absence des rites est ainsi déniée. Disponible indistinctement et sans intentionnalité, la nature est dès lors le commun des être vivants, mais seulement en ce qu'ils sont des corps, hommes et animaux la partagent ainsi (II, 810-826) : la communauté de ciel et d'air « ne crée, ne nourrit, ne répare que les corps » (II, 821-822) et ces corps tirent en commun leurs éléments de la terre. Ce faisant Prudence s'oppose à Symmaque qui affirmait « le ciel commun à tous ». Pour le chrétien, cette communauté uniquement corporelle ne peut compter dans le domaine religieux, face à la physicalité et à l'environnement partagé, la vraie hiérarchie est déterminée par l'âme et son usage : « il y a la même distance entre Romains et barbares, qu'entre le quadrupède et le bipède, qu'entre la brute muette et l'être de parole, il y a aussi la même distance entre les fidèles serviteurs de Dieu et les partisans des cultes absurdes et de leurs erreurs » (II, 816-817).

Prudence peut alors revenir finalement sur l'argument de la famine (II, 910 *sq.*), d'abord pour en dénier l'importance supposée. Sur le fond de cette normalité, la mauvaise récolte est présentée comme une variation de la nature. Mais à l'imaginaire de la création et de ses lois initiales s'ajoute désormais celui de la chute. Si la nature a été mise à disposition, une fois pour toute, avant la chute (II, 828), les écarts importants des éléments s'expliquent par le péché. Les excès du monde, comme ceux du corps, s'expliquent par le vice (II, 989-992). Cette explication des catastrophes naturelles par le péché est toutefois moins explicite que dans l'*Hamartigenia*, poème de Prudence consacré à exposer les origines du mal et du pêché. Dans le *Contre Symmaque*, les éléments chancellent à causes des « antiques erreurs », termes alors surtout mobilisés pour dire les pratiques païennes : « Ce sont les antiques erreurs qui font chanceler les éléments et les entraînent souvent, écartés brutalement de leur manière d'être normale, dans des conjonctures autres que ne le comporte la loi (*lex*), le cours de l'année » (II, 973-975). Issues du péché, les déviations d'un ordre naturel initialement généreux, modéré et réglé, se trouvent donc rapportées aux erreurs des païens. De la même manière, dans chacune des préfaces aux deux livres, les récits de tempêtes illustrent ce monde naturel corrompu, désormais marqué par les catastrophes et lié au diable, et Symmaque lui-même est personnifié comme une tempête soufflant « des bourrasques d'éloquence » (II, *praef.* 57-58). Périssable, la nature ne manque donc pas d'imperfection (*nec natura caret vitio* : II, 996).

On constate alors, au fil de la controverse, des glissements remarquables à propos de la nature. Pour Symmaque et le ritualisme romain l'accès et le rapport à la nature s'inscrivent implicitement dans un *continuum*, les rites devant constamment assurer le lien aux puissances naturelles et divines, constituant un *remedium* supportant la fécondité terrestre (III, 17). Prudence, en revanche, les théorise désormais à partir de la création et de la chute : sa métaphysique fait de la *natura* une création gouvernée par des lois immuables et intangibles quoique déficientes et imparfaites. La disette est alors banalisée, régularisée : « qu'il survienne par hasard une année un peu moins fertile, il n'y a rien d'étonnant et cela ne constitue pas une nouveauté dans le monde » (II, 955) et les causes en sont physiques : un vent sec, des nuages légers… Certes Symmaque avait anticipé une telle contradiction, présentant la disette comme exceptionnelle (III, 16-17). Mais, comme Jérôme, Prudence peut montrer facilement qu'il n'en était rien et profite en outre du temps écoulé depuis le début de la controverse : la situation frumentaire est normale malgré l'arrêt des rites, les provinces de l'empire envoient toujours « des monceaux de froment pour la nourriture du peuple » (II, 939). Il appartient alors aux hommes de prendre en compte leur situation pour assurer leur salut plus que leurs récoltes. Prudence transpose le débat au niveau de l'exploitation d'un domaine agricole, en exposant la christianisation volontariste des campagnes : « Si dans notre campagne se dresse une pierre que l'antique erreur avait coutume de ceindre de rubans ou de prier en lui sacrifiant le poumon d'une poule, nous la brisons [...] nous abattons, en le coupant avec la hache vengeresse, l'arbre entouré de bandelettes qui conservait des lampes fumeuses » (II, 1006-1011). La conclusion est alors inexorable, car cette nature profanée n'en est pas moins généreuse : « le rapport de nos domaines n'en est pas moindre » (II, 1012). C'est la sobriété frugale du chrétien qui le protège des mauvaises récoltes. Reprenant un idéal ancien, Prudence invite alors à vivre « en sage et en paysan » (*sapiens et rusticus idem*) (II, 1020), capable de cultiver à la fois sa terre et son âme. Mais il le fait en reformulant la parabole évangélique du semeur, la culture de l'âme échappe aux lois naturelles, elle se rapporte à un droit céleste (II, 1036) : le travail de la terre devient l'allégorie de la marche vers le salut. Le poème se termine par une attaque en règle contre les vestales et un appel à faire cesser les combats de gladiateurs, l'arène devant se contenter du massacre de bêtes sauvages (II, 1128). Au terme du *Contre Symmaque*, pour reprendre la catégorisation idéaltypique de Philippe Descola[2], on pourrait dire que la nature christianisée de Prudence s'est éloignée fortement de l'analogisme pour se rapprocher du naturalisme. Désertée par l'intentionnalité, elle est désormais le domaine de la corporéité guidée par des lois fixes, quelques grandes lignes de partages sont appelées à se substituer à un fourmillement d'êtres hiérarchisés.

Pour autant la nature de Prudence n'est pas encore celle des « modernes ». Elle reste voilée, marquée de mystères (II, 926). Les hiérarchies étendues y sont présentes (II, 816) et microcosme et macrocosme s'y répondent toujours (II, 988-989). Surtout, l'homme n'y est pas le seul être habité d'intentionnalité. Il cohabite dans le monde avec les anges (II, 233-235), mystérieux, les démons (I, 369) et la possibilité des fantômes (I, 96-97 ; I, 445-448). Bien des aspects du discours n'étaient pas non

2 Descola, 2005.

plus originaux ou nouveaux. Outre Lucrèce, précieux pour chasser les dieux de la nature et dont le souvenir se devine derrière les « éléments » et les « erreurs », Virgile – mobilisé par Symmaque déjà – pointe aussi derrière le passage sur la famine et le domaine chrétien. Mais dans ce dernier cas, le parallèle entre culture de la terre et culture de l'âme qui pourrait rappeler Horace ou Pline reçoit, on l'a dit, une élaboration particulière à travers la parabole du semeur[3]. La nature mobilisée par Symmaque, au prétexte d'une crise environnementale, pour appuyer une position religieuse n'est pourtant plus celle de Prudence. Sous la plume du poète chrétien, à partir d'une lecture biblique, des conceptions largement nouvelles se manifestent et s'organisent, appelées à durer et à se développer jusqu'aux idées modernes qui marquent encore fortement notre rapport aux monde physique, à la terre et aux animaux.

Benoit Rossignol
Avignon Université

3 Voir Partoens, 1999. Plus généralement voir Brown, 2003 ; Bureau, 2017 ; Crespo Losada, 2020 ; Gosserez, 2003 ; Palanque, 1931.

TROISIÈME PARTIE

INTERAGIR AVEC LA NATURE

POURQUOI MANGER DES ÊTRES ANIMÉS ?

La chasse, le sacrifice et la violence

En Grèce ancienne la chasse est une occupation par excellence des jeunes gens qui trouvent dans l'expérience cynégétique un moyen de s'entraîner et de s'aguerrir. Au IVe siècle, Platon et Xénophon considéraient la chasse comme une éthique de la cité ; ils voulaient en développer la pratique et mieux en définir les règles. À l'époque impériale romaine, le profit que la société peut en tirer a été excellemment résumé par le grec Pollux :

> Justus Pollux à l'empereur Commode, salut : et maintenant il te faut t'intéresser à la chasse parce que cette activité a quelque chose d'héroïque et de royal. Elle fortifie en même temps le corps et l'âme car elle est un exercice d'endurance en temps de paix et de hardiesse en temps de guerre ; elle développe le courage, elle habitue à être robuste à pied comme à cheval, ingénieux et résistant si l'on veut s'emparer par la force de ce qui résiste, par rapidité de ce qui fuit, par chevauchée de ce qui détale, par le savoir de ce qui est intelligent, par la réflexion de ce qui se cache, par la patience de ce qui est caché ; elle permet de veiller la nuit, d'être actif le jour[1].

Avec l'art accompli du rhéteur, Pollux construit une sorte de modèle des comportements cynégétiques qui résume parfaitement les réflexions de ses prédécesseurs en déclinant les avantages que procure la chasse. Elle symbolise un moyen de distinction sociale, de formation virile, d'entraînement corporel, de savoir-faire en toute circonstance pour affronter tant les comportements des animaux que ceux des ennemis. La chasse est une pratique qui transcende les temps pourtant si bien définis de la paix et de la guerre, elle relève autant de la défense des hommes contre les bêtes sauvages que de l'affrontement guerrier contre d'autres hommes. L'éthique de la chasse définie par Pollux est le fondement d'une anthropologie qui tire ses racines de l'ordre de la cité,

1 Pollux V, 1 cité par Schnapp, 1997.

déjà énoncé par Platon dans le *Protagoras*. Son équilibre procède de la bonne entente entre les citoyens et des rapports que les hommes depuis les origines peuvent entretenir avec les animaux qui, avant la fondation des cités, étaient considérés comme des prédateurs :

> C'est ainsi à l'origine, que vécurent les humains, éloignés les uns des autres car aucune cité n'existait. Ils mouraient donc sous les coups des bêtes sauvages en tout plus fortes qu'eux et leur savoir technique suffisant pour assurer leur subsistance était insuffisant dans la guerre contre les animaux[2].

Il importe de bien méditer ces mots : la lutte des humains d'avant la cité contre les animaux est à proprement parler une guerre (*polemos*) qui requiert tous les efforts des hommes. Le feu dérobé à Zeus pour leur sauvegarde ne peut suffire à les défendre. Pour établir le bon rapport entre les hommes et les animaux il faut disposer d'un outil particulier, spécifique à l'humanité, l'art de vivre en cité. C'est bien ce que suggère Platon dans la suite de son raisonnement :

> Ils (les hommes) ne possédaient pas encore l'art politique dont la guerre est une partie. Ils cherchaient donc à se rassembler et à se tirer d'affaire en fondant des cités. Mais une fois rassemblés, ils se faisaient la guerre les uns aux autres faute de posséder la politique en sorte qu'ils disparaissaient à nouveau et mouraient[3].

Pour faire face aux animaux l'humanité doit, de fait, se discipliner et se doter des institutions qui assurent la paix et la réciprocité des services rendus entre membres de la communauté. Celle-ci s'incarne dans la *polis* et donc dans la « politique » qui en procède. Avant les cités règne la confusion, dans la concurrence de chacun contre chacun. Les hommes primitifs ne sont pas des chasseurs, car la chasse repose sur la supériorité indépassable des hommes face aux animaux, et la guerre (*polemos*) qu'ils mènent contre eux est lourde de défaites. L'humanité primitive soutient un combat sans espoir contre les animaux parce qu'elle ne dispose pas des moyens de faire respecter la justice (*dikê*) entre les hommes. Cette aporie fait qu'ils ont par définition le dessous face aux bêtes. Ce stade du développement des sociétés humaines selon Platon est celui d'une sorte de proto-histoire, d'une période durant laquelle l'humanité recherche

2 Platon, *Protagoras* 322b.
3 *Ibidem*.

l'équilibre entre les hommes, qui seul permettrait d'imposer des normes et par conséquent d'établir un lien juste entre eux. La chasse dans ce contexte est une pratique qui atteste la fondation des cités et leur stabilité. Les relations des hommes avec les bêtes dépendent au sens strict du rapport des hommes entre eux : tant que les cités ne sont pas pacifiées le risque du retour à la sauvagerie est patent.

Cependant, avant même la sauvagerie des origines existait un autre monde régi par les dieux, nous dit Platon dans le *Politique*. Dans un tel univers, les hommes paissent comme les autres êtres vivants sous la houlette de bergers divins. La terre produit à profusion tout ce qui est nécessaire à une paix que partagent humains et animaux. Le végétarisme s'impose comme le moyen de la subsistance, et dans cette pastorale divine chacun, homme ou animal vit, en bonne harmonie avec les autres, dans la profusion des dons de la nature. Les produits du sol ne sont pas le fruit de l'agriculture, mais la terre les offre d'elle-même à tous. En ce temps, les animaux n'étaient pas sauvages et ne se mangeaient pas les uns les autres en sorte qu'il n'y avait ni guerre (*polemos*) ni querelle intestine (*stasis*)[4].

L'histoire des hommes n'existe qu'en filigrane jusqu'à ce que ce monde de l'abondance disparaisse et que la dure loi de la compétition s'en vienne peser sur les êtres vivants, et en particulier sur les humains. C'est pourquoi ils doivent faire face aux agressions des animaux et inventer un moyen de les dominer. L'unique solution est collective, elle consiste à se rassembler et à se tourner vers l'agriculture :

> Après cela, ils se réunissent plus nombreux en communautés et fondent des cités plus considérables, et se tournent vers les premières cultures sur la pente des montagnes ; ils construisent pour se protéger des bêtes fauves des remparts, des sortes de clôtures de pierres sèches, en construisant cette fois une seule grande habitation commune[5].

La pression des animaux sur l'humanité serait donc un des éléments à l'origine de la création des cités, et de la mise en place d'institutions qui permettent aux hommes de vivre ensemble en créant les conditions requises pour transformer les rapports avec les animaux sauvages. Ils ne

4 Platon, *Politique*, 271c.
5 Platon, *Lois*, III, 680-681a.

sont pas combattus par des groupes d'hommes au désespoir mais bien chassés par une élite entraînée qui sait assurer sa domination. Un nouvel ordre des choses s'impose, il offre aux habitants des cités une arme définitive pour l'emporter sur les animaux. Aristote l'exprime de façon limpide, en comparant le lait maternel dont les vivipares nourrissent les nouveaux nés aux ressources que la nature offre dans son ensemble aux hommes :

> Dès lors il faut évidemment croire que la nature subvient de même aux adultes et que les plantes sont faites pour les animaux et les animaux pour l'homme : les animaux domestiques servent à son usage et à sa nourriture ; les animaux sauvages, sinon tous, du moins la plupart, servent à sa nourriture et à ses autres besoins pour qu'il en tirent soit son habillement soit divers instruments[6].

L'homme sort de la proto-histoire parce qu'il est capable de changer complètement son rapport avec les animaux, et de les faire passer du stade de prédateurs à celui de gibier. Il dispose dès lors, non pas seulement d'une supériorité sur les autres êtres, mais d'un lien privilégié avec la nature qui lui permet de profiter de tous les biens qu'elle peut offrir. La chasse est justifiée parce qu'elle offre aux hommes les moyens de satisfaire leurs besoins. Elle est donc, selon Aristote, aussi légitime que la guerre dont elle procède. Une génération auparavant, le *Protagoras* de Platon voyait dans la « guerre contre les animaux » un épisode d'auto-défense, une juste résistance à la violence animale. Aristote au contraire voit dans la chasse, entendue comme une part de l'art de la guerre, un moyen d'affirmer la radicale supériorité des hommes sur tous les êtres vivants. C'est moins la dimension anthropologique de la chasse qui l'intéresse que son rôle dans l'art de l'acquisition (*ktétiké*) : une pratique qui est le cœur même du comportement de l'espèce humaine. Pour devenir pleinement des citoyens, pour accéder à la vie réglée de la cité, les hommes doivent maîtriser les animaux domestiques, les animaux sauvages et les plantes. Pour ce faire il leur faut éviter l'écueil de l'allélophagie. Déjà au VIIe siècle, le poète Hésiode en fait une des clefs de la séparation radicale des hommes et des animaux :

> Pour toi, Persès, mets-toi ces avis à l'esprit ; écoute la justice, oublie la violence à jamais. Telle est la loi que le Cronide a prescrite aux hommes : que

6 Aristote, *Politique*, 1256a.

> les poissons, les fauves, les oiseaux ailés se dévorent puisqu'il n'est point parmi eux de justice. Mais aux hommes Zeus a fait don de la justice qui est de beaucoup le premier des biens[7].

La justice est l'armature de la cité, l'institution qui la rend viable et qui empêche le cannibalisme. Les hommes se sont heureusement détournés de l'habitude qu'avaient les êtres animés de se manger entre eux[8]. L'humanité primitive dominée par la violence ne pouvait qu'être anthropophage, comme le suggère un fragment de Critias :

> Un temps où la vie humaine était désordonnée et bestiale, dominée par la force, où il n'y avait nulle récompense pour les bons et nul châtiment pour les méchants[9].

Pour ne pas en rester là, pour persuader les hommes que toutes le viandes ne se valent pas, il faut recourir, suivant une tradition comique rapportée à l'époque impériale par Athénée, à un personnage qu'on n'attendrait pas : le *mageiros*, le boucher qui va complètement modifier le comportement des hommes primitifs :

> Alors que l'allélophagie et toutes sortes de maux existaient, survient un homme qui n'était pas le plus sot, qui fut le premier à sacrifier une victime, et à rôtir la viande, et comme cette viande était meilleure que la viande d'homme ils ne se mangèrent plus les uns les autres mais sacrifièrent et firent brûler des bestiaux[10].

Au lieu du sévère appel à la justice d'Hésiode, la figure du boucher vient régler concrètement la menace de la confusion des viandes, de la distance entre ce qui est comestible et ce qui ne l'est pas. Le voilà promu au rôle de civilisateur par excellence. Non seulement parce que les viandes découpées et cuites par son art deviennent savoureuses, mais aussi parce qu'il convainc les hommes d'offrir aux dieux une part des viandes qu'ils consomment. Le sacrifice est le pendant de la chasse, il permet à la communauté humaine de prélever les viandes nécessaires à son alimentation sans offenser les dieux, en leur offrant, grâce au rituel,

7 Hésiode, *Les travaux et les jours*, v. 274-280.

8 Platon, *Epinomis*, 975a.

9 Critias, fragment in H. Diels –W. Kranz, *Die Fragmente der Vorsokratiker*, 88, B 25, 1-4.

10 Athénée, *Athénion*, Kock III, 3690. Sur le sacrifice voir Durand, 1986 et Detienne et Vernant, 1979.

la part qui leur convient. Il contribue à définir un code de relations avec les animaux, et plus largement avec la nature. L'origine des viandes, qu'elles soient sacrificielles ou le produit de la chasse, n'est donc pas quelque chose de secondaire, car elle relève d'une éthique qui s'impose à la cité. Il y a cependant dans la consommation des viandes un risque que, dans une visée morale, Plutarque (IIe siècle apr. J.-C.) souligne dans l'un de ses traités :

> De là, disent-ils, cette insensibilité et cette sauvagerie goûtée dans le meurtre et développée dans les chasses et les poursuites cynégétiques : ne pas être dégoûté par le sang et les plaies des animaux mais se réjouir de leur égorgement et de leur mort[11].

S'il est justifié de se défendre contre les animaux pourquoi s'en prendre systématiquement à eux à travers les différents types de chasse ? Dans cette fièvre qui s'empare des hommes n'y a-t-il pas le danger de faire naitre un goût du sang qui transformerait les chasseurs en viandards, voire en assassins ? Plutarque fait plus que suggérer une telle issue :

> Ainsi sans doute à Athènes le premier délateur à être condamné à mort le fut à bon droit, et ainsi le second et puis le troisième ; et de proche en proche, ils en vinrent aux justes et à la fin ils n'épargnèrent même pas les meilleurs des citoyens. Ainsi le premier homme qui tua un loup ou un ours y gagna du prestige et de même quelque bœuf ou cochon fut condamné à mort pour avoir goûté les offrandes placées devant lui. Et on en vint à manger la viande des cerfs, des lièvres et des chevreuils et à pratiquer la consommation du bétail et en certains endroits des chiens et de chevaux[12].

Plutarque se lance dans un commentaire parallèle de l'administration de la justice et de l'institution sacrificielle. De même qu'il est juste de condamner les délinquants, il est légitime de mettre à mort les animaux qui s'approprient les graines du sacrifice. Aller au-delà, cependant, contrevient à la justice. On commence par envoyer à la mort des coupables et on finit par d'honorables citoyens. On sacrifie les animaux domestiques qui en mangeant les graines déposées sur l'autel acceptent leur mise à mort, mais on s'en prend aussi, à travers la chasse, aux animaux sauvages, et on légitime le sacrifice comme une des sources de l'alimentation humaine.

---

11 Plutarque, *De solertia animalium*, 959d-e.

12 *Ibidem.*

La critique sous-jacente aux réflexions stoïciennes de Plutarque porte à s'attaquer au régime des viandes dans la cité comme une sorte d'injustice perpétrée contre les animaux, une attitude qui ne respecte pas le droit (la *diké*), qui est, on l'a vu, la pierre angulaire de l'ordre civique. Les sacrificateurs et les chasseurs se comportent comme les juges injustes qui, forts de leurs prérogatives, s'en prennent, non aux malfaiteurs mais aux justes. L'homme intempérant, proie de sa gloutonnerie (*laimargia*), renvoie à l'incapacité de trouver un équilibre, d'établir une distance entre soi et les autres, il est le prototype du tyran, de celui qui perd tout sens des limites, et finit, nous dit Platon, par dévorer ses propres enfants[13]. De là une remise en cause des pratiques alimentaires qui s'exprime avec une violence imparable chez le philosophe néoplatonicien Porphyre, au IIIe siècle apr. J.-C. Les hommes ont le devoir de détruire les délinquants :

> De la même façon, on a peut-être le droit de supprimer, parmi les animaux privés de raison, ceux qui sont par nature injustes et malfaisants et que leur nature pousse à nuire à ceux qui les approchent. Mais parmi les autres animaux, certains ne commettent pas d'injustice, leur nature ne les pousse pas à nuire : ceux-là il est à coup sûr injuste de les détruire et de les tuer, tout comme il est injuste de le faire aux hommes qui sont comme eux[14].

Porphyre comme Plutarque établit une relation indiscutable entre les violences faites aux hommes et celles faites aux animaux. Les hommes pervers, comme les animaux mangeurs d'hommes, sont victimes de leur irrépressible gloutonnerie, et commettent ainsi des actes injustes qui offensent les règles de la cité. En ciblant la violence faite aux animaux à travers le sacrifice et la chasse, Porphyre s'en prend à la cité elle-même et aux règles qui la lient au monde animal. Il accuse sans détour les sacrificateurs et les chasseurs d'user d'une violence condamnable, et de mettre en cause les bases même de la morale :

> Ainsi puisqu'ils (les animaux) sont de la même race, s'il apparaissait selon Pythagore, qu'ils ont reçu la même âme que nous, on serait à bon droit jugé impie de ne pas s'abstenir d'être injuste avec ses parents. Le fait que certains sont des animaux féroces ne rompt nullement ce lien de parenté : il est des hommes qui ne leur cèdent en rien mais qui sont plutôt pires [...]. De même s'il y a aussi des animaux féroces, nous devons comme tels les faire périr,

13 Platon, *République*, 619b.

14 Porphyre, *De Abstinentia*, II, 22.

> comme nous faisons périr de tels hommes mais sans renoncer à notre relation aux autres moins féroces. Il ne faut manger ni les uns ni les autres pas plus que les hommes injustes[15].

À l'aube de la cité les chasseurs et l'institution sacrificielle sont les outils de la définition d'un ordre des choses et des êtres qui repose sur la *diké*, le droit. Un tel ordre est le garant de la société humaine qui doit à la fois protéger la stabilité des institutions civiques et la paix entre les citoyens. L'attaque frontale menée par des auteurs comme Plutarque et Porphyre est une manière de critiquer l'ordre civique que mine l'intempérance : les tyrans et leurs affidés ne respectent pas les lois de la cité, ils exercent contre les hommes une violence retenue légitime contre les animaux. Et si c'était cette violence même qui était à l'origine des crises et de la perte des repères ? La cité exalte la chasse car elle symbolise un rapport harmonieux entre les hommes, les animaux et les territoires. Face à cette apologie des chasses valeureuses des jeunes gens et de leurs initiateurs, Plutarque et Porphyre portent un regard rétrospectif sur les traditions de la cité et s'emploient à explorer les zones d'ombres propices aux excès et aux dérèglements qu'elles induisent. L'insensibilité des chasseurs face à la souffrance animale n'est pas sans rappeler la contradiction ressentie par Montaigne, pourtant lui-même fervent chasseur :

> De moy, je n'ay pas sçeu seulement sans desplaisir poursuivre et tuer une bête innocente, qui est sans deffence et de qui nous ne recevons aucune offence ; Et comme il advient communément que le cerf, se sentant hors d'alaine et de force, n'ayant plus autre remède et de force se rejette et rend à nous mesmes qui le poursuivons, nous demandant mercy pour ses larmes : « *questusque cruentus atque imploranti similis* » (« et par ses plaintes, couvert de sang, il semble implorer sa grâce », Virgile, *Énéide*, VII, 501).
>
> Je ne prends guiere beste en vie à qui je ne redonne les champs. [...] Les naturels sanguinaires à l'endroit des bestes tesmoignent une propension naturelle à la cruauté[16].

Entre le renoncement à la chasse et le goût des viandes, il faut bien choisir. Aux apologistes des chasses, Plutarque et Porphyre opposent la violence et le manque d'empathie des chasseurs face à la douleur que

---

15 Porphyre, III, 26, 1-2.

16 Montaigne, *Essais*, II, I, chap. XI. Voir Stépanoff, 2021, notamment le chapitre « Les larmes du cerf », p. 294-295.

ressentent les animaux. Montaigne s'emploie à trouver un équilibre, à se contenter de la « quête » et à laisser la proie survivre. La chasse au minimum doit être tempérée, il en va du bien de la cité toute entière qui pourrait être menacée par la violence qu'elle recèle. Elle ne peut échapper à la question morale. Il est piquant de retrouver les termes de Plutarque sur l'insensibilité face à la douleur animale dans les mots d'un chasseur contemporain :

> Quand tes chiens t'attrapent un chevreuil et qu'il se met à pleurer comme un bébé, celui qui dit que ça ne lui fait rien ; soit il n'a pas de cœur, soit il n'a pas d'âme[17].

La pratique de la chasse et l'abattage des animaux sont au cœur des relations entre l'homme et son milieu naturel, les questions émises par les philosophes de la Grèce ancienne constituent toujours le cadre de référence d'une anthropologie de la nature.

Alain SCHNAPP
Université Paris I Panthéon-Sorbonne

17 Cité par Stépanoff, 2021, p. 293.

ÉLOGE DE DAME FORÊT

Sur un hymne du *Ṛgveda*

Le sujet éminent du Veda (XVe-Ve siècles avant notre ère), vaste corpus de textes fondateurs de la culture indienne, est le « sacrifice » (*yajña*), dont la théorie s'élabore tout au long des siècles de sa composition. Le sacrifice, pratique et savoir, constitue la norme même de la vie sociale (familiale, individuelle) des « deux-fois nés » (*dvija*), ceux qui ont accès au Veda et, par la connaissance du Veda, à cette « seconde naissance » propre des brahmanes, responsables de la transmission des textes sacrés et officiants du culte, des *kṣatriya* (rois et guerriers) et des *vaiśya* (paysans et commerçants)[1] – une société qui se construit et s'organise autour du « village » (*grāma*), dans un temps scandé par les rites.

Le plus ancien recueil du Veda, le *Ṛgveda* ou « Veda des strophes », présente des hymnes à caractère spéculatif, surtout dans le dernier livre. C'est à vrai dire une tendance générale de la littérature védique que cette spéculation sur le sacrifice, appliquée aux différents éléments du rite, aux objets et gestes rituels comme aux acteurs humains et divins impliqués. Les ritualistes anciens rappellent que le sacrifice est une réalité « villageoise », en ce qu'il reproduit (met en scène et justifie) les schémas et règles qui sous-tendent la vie du village ; mais aussi, parce qu'il prolonge et réaffirme les relations vitales entre les diverses classes d'êtres et entités, envers qui tout individu, depuis la naissance, se trouve « endetté » : les hommes, les dieux, les ancêtres, les esprits, le Veda, le monde entier que le village représente[2]. Car les rites n'ont pas, à proprement parler, de pourquoi, ni sont-ils des causes (depuis quand fait-on ainsi ?) ; ils sont plutôt conçus comme le moyen de préserver et prolonger

---

1 La classe des *śūdra* (serviteurs), bien qu'ayant une fonction reconnue dans la société brahmanique, n'a pas un accès direct au Veda.

2 Sur la théorie de la dette dans l'idéologie brahmanique, voir Malamoud, [1977] 1989, p. 115-136.

l'ordre des êtres (et des choses), ainsi que leurs relations réciproques, notamment entre les hommes et les dieux, sensibles aux prières et aux offrandes qu'on leur adresse et qui sont nécessaires à leur subsistance.

Au village, chaque maison possède un foyer pour les rites « domestiques » (*gṛhya*) ; pour les rites « solennels » (*śrauta*), il faut par contre prévoir un espace ouvert, l'aire rituelle, généralement à l'écart des maisons, qui se déploie autour d'un autel trapézoïdal, la *vedi*, et qui est délimité par trois foyers : a) l'offertoire (*āhavanīya*), de forme carrée, bâti à l'est – la région des dieux –, près duquel se tient le « sacrifiant » (*yajamāna*), b) le foyer méridional (*dakṣiṇa*) – le sud est le lieu des ancêtres – en forme de demi-lune, et c) l'autel domestique (*gārhapatya*), bâti à l'ouest, de forme ronde, près duquel se tient notamment la « femme du sacrifiant » (*yajamānapatnī*) et où l'on prépare les substances à offrir.

L'aire rituelle n'est pas un temple. Elle est plutôt *un espace en devenir*, le résultat d'une quête, à l'instar de cette conquête des (trois) mondes réalisée autrefois par les dieux, un monde après l'autre : *bhūr bhuvar svaḥ !* « terre, atmosphère, ciel[3] ! » (invocation qui marque les moments décisifs du rite). Cette caractéristique de l'aire rituelle devient particulièrement évidente à l'occasion de cérémonies solennelles telles l'*agnicayana* l'« édification (de l'autel) d'Agni », qui comporte la mise en place d'une *mahāvedi*, « grand autel », par une sorte de translation vers l'est de l'aire rituelle ; la *mahāvedi* contient, à son tour un feu offertoire dit « autel ultérieur » (*uttaravedi*). Ici, le sacrifice se révèle à la fois comme une image du monde et son prolongement au-delà de ses limites, qui ne sont pas seulement les limites de l'aire rituelle, mais aussi les limites du village, et du monde tout court. Qu'y a-t-il au-delà ? Et jusqu'où l'aire sacrificielle est-elle un lieu « villageois » ?

Le sacrifice comporte en effet une projection de l'espace villageois vers le monde qui l'entoure et qui lui est opposé, la « forêt » (*araṇya*). Charles Malamoud a parfaitement décrit les différences et complémentarités, dans la culture védique, entre ces deux espaces, le village et la forêt, qui représentent respectivement le « monde » – *grāma* signifie avant tout « groupe, ensemble d'hommes » – et le

3 La traduction de ce mantra est conventionnelle. Il s'agit d'invoquer les trois mondes que le sacrifice traverse et réunit.

« non-monde », le « désert (d'hommes) » qui l'entoure[4]. Il explique aussi comment la forêt, dont le nom sanskrit porte la trace de l'altérité qui la caractérise[5], n'est pas une limite en soi ; au contraire, c'est l'espace entre ces lieux délimités/délimitables que sont les villages. Symboliquement, toutefois, la forêt est bien cet au-delà, cet autre monde, l'espace des dieux que le rite adresse, et qu'il permet d'intégrer au fil des cérémonies et tout au long de la vie, rite après rite. Le « poteau » (*yūpa*) auquel on attache la victime animale lors de sacrifices solennels occupe le point le plus avancé de cette aire consacrée. Issu d'un arbre choisi, puis abattu dans la forêt, façonné ensuite pour devenir une entité « villageoise » apte au sacrifice, il marque la limite entre les deux espaces, étant fixé pour moitié à l'intérieur de l'aire rituelle et pour l'autre moitié à l'extérieur[6].

Revenons au *Ṛgveda*. Outre les éléments du sacrifice que l'on y trouve souvent divinisés, et dont la « position » rituelle est souvent ambivalente – que l'on pense au *soma*, la plante sauvage qui constitue l'offrande par excellence dans les rituels solennels et qui coïncide avec le dieu Soma honoré dans ces rituels, ou bien à Agni, le dieu Feu, qui est en même temps le feu en tant qu'agent de la transformation rituelle – on remarque l'attention des anciens « voyants » (*ṛṣi*), les poètes à qui l'on attribue la composition des hymnes, envers des éléments plus structurants, qui constituent le cadre général ou qui relèvent pour ainsi dire de la métaphysique du rite : le temps, l'espace, le sacrifice en soi… et par qui ils sont divinisés. Terme ultime de cette gradation, Vāc, la Parole, prière et déesse souveraine. C'est dans ce contexte qu'il faut lire, nous semble-t-il, l'hymne consacré à Dame-Forêt, Araṇyānī (ṚV X 146). Cette apparition unique, dans le *Ṛgveda*, de la forêt divinisée (et féminisée,

4 Malamoud, [1976] 1989, p. 93-114. L'*araṇya* indique aussi le désert au sens propre, l'espace sans végétation. En tant qu'opposé au village, l'*araṇya* est toutefois l'« espace sauvage », à l'écart des hommes (de l'espace social). Pour indiquer la forêt d'arbres, l'espace dense de végétation, on utilise en sanskrit le terme *vana*.

5 À propos du sens qu'il faut donner au terme « forêt », Malamoud rappelle qu'« *araṇya*, "forêt", dérive de *araṇa*, "étrange", lequel se rattache à son tour au radical indo-européen **al-*, **ol-*, celui-là même qui est à l'origine des mots latins *alius, alter, ille.* […] ». Malamoud, [1976] 1989, p. 95-96.

6 Sur le rôle et la symbolique du *yūpa* dans le sacrifice védique, en tant qu'objet à la fois naturel et construit, voir Malamoud, 2021. Pour une description (illustrée) de l'aire rituelle, voir Staal, 1990.

car le terme *araṇya* est neutre en sanskrit) comporte une réflexion sur cet espace naturel, dont le caractère inconnu, redoutable au premier abord, invite celui qui s'y trouve à une crainte respectueuse. C'est le soir, et on ne distingue pas bien les sons, on ne voit pas bien au loin. Le poète, qui parle ici depuis la forêt, pour la forêt, et jamais contre elle, s'est-il égaré, comme semble l'indiquer la première strophe ? Dans la deuxième pourtant, on assiste à un renversement de perspective : on reconnaît des signes, une ambiance presque familière dans les cris d'oiseaux mêlés, comme s'il s'agissait d'une procession rituelle, la nature qui célèbre Dame Forêt !

Parce que l'on aborde la forêt comme un espace sacré, ses bruits résonnent comme des voix à déchiffrer, leurs nuances ambigües rassemblent à des prières. On cherche des repères : une maison, une vache, une charrette. Ici, l'opposition entre village et forêt, entre le familier villageois et l'inconnu forestier, est brouillée. Est-ce donc seulement une hallucination ? Non, non ! On appelle bien une vache, on coupe bien du bois ; mais dans la forêt, on imagine que quelqu'un a crié (str. 4).

Dans l'interprétation traditionnelle et moderne, cet hymne est un chant contre l'égarement et la peur : peur de la forêt, peur de la nuit, peur de l'inconnu[7]. Mais il pourrait bien être aussi le récit d'une « entrée en forêt » et le portrait d'une figure bien connue en Inde depuis l'antiquité : l'ascète « errant » (*yati*) ou le « renonçant » (*saṃnyāsin*) qui abandonne le village, la communauté, les affects familiers pour se retirer dans la forêt. Il ne s'agit pas pour lui d'apprivoiser la nature (ce que l'on fait au village), mais d'adhérer à son mystère. (Dans la forêt, est-on pour autant à l'écart de la logique sacrificielle ? On rappelle souvent que le *saṃnyāsin* a « intériorisé ses feux[8] »). La forêt est pour l'ascète un lieu d'apprentissage et d'initiation : c'est ici qu'apparaissent des nouvelles valeurs, celles de l'ascétisme, avant tout la « non-violence » (*ahiṃsā*), l'interdiction de tuer et le respect du vivant – ce qui oppose

7 Interprétation suivie par Geldner, 1951 ; Renou, 1956 et en dernier lieu Jamison, 2014 : « *Despite the ostensible dedication, the poet tries as much as possible to evade the wilderness and conjure the safety of the village. [...]* » (vol. 3, p. 1631).

8 Sur l'intériorisation du sacrifice voir M. Biardeau, in Biardeau-Malamoud, 1976, p. 57-80.

complètement la forêt au village et au ritualisme villageois (empreint toujours de violence, bien qu'encadrée et limitée, par les différentes destructions et altérations de la matière, dont l'immolation de la victime n'est que le phénomène le plus visible). Dans la forêt, un nouvel idéal de vie se fait jour, que les Upaniṣad, textes désormais pleinement philosophiques de la fin de l'époque védique, vont interpréter d'une manière encore plus radicale : « En vérité, ceux qui dans la forêt vivent dans l'ascèse et la foi, apaisés, savants, vivant d'aumônes, exempts de passions, vont par la porte du soleil là où est, immortel, l'Être, l'âme inaltérable[9] ».

Pour l'heure, voici Dame Forêt vue à travers les yeux du poète védique, qui se confond avec l'ascète renonçant, ou qui le préfigure. Et qui évoque, dans la lecture que nous proposons, sa première rencontre avec la forêt, d'abord marquée par l'inquiétude, l'abandon, la nostalgie, puis par un accueil bienveillant, lorsque la forêt lui offre des fruits savoureux, du repos, un temps sans labeur et qu'elle se confond finalement avec la terre, généreuse et fragrante. Dans le dernier vers, Dame Forêt est appelée « mère des antilopes » (*mṛgā́ṇām mātáram*)[10], ces animaux sauvages parmi lesquels l'ascète, qui revêt une peau d'antilope pour marquer sa nouvelle vie, est amené à se reconnaître.

> Dame-Forêt, Dame-Foret, qui te dérobes loin d'ici,
> encore ne t'enquiers-tu pas du village, n'es-tu saisie comme d'une peur ?
>
> Lorsque le hibou hulule, que l'engoulevent s'y accorde[11],
> comme sous une procession de cymbales Dame-Forêt est magnifiée !
>
> Sont-ce des vaches qui broutent, est-ce une maison que l'on voit,
> ou bien Dame-Forêt, au soir, qui tourne telle une charrette ?

---

9 *Muṇḍaka-Upaniṣad* I 2, 11 : *tapaḥśraddhe ye hy upavasanty araṇye śāntā vidvāṃso bhaikṣacaryāṃ carantaḥ / sūryadvāreṇa te virajñāḥ prayānti yatrāmṛtah sa puruṣo hyavyayātmā //* (trad. Maury, 1943).

10 Le terme *mṛgá* désigne, plus généralement, les animaux sauvages, par opposition aux *paśu*, les animaux domestiques, destinés à être notamment les victimes du sacrifice (et dont l'homme, par définition, fait partie).

11 Les deux animaux évoqués dans cette strophe n'ont pas été identifiés. Renou, 1956, propose d'y voir deux insectes (la cigale et le grillon). Récemment, K.N. Dave (2005, p. 168-169) y reconnait plus volontiers deux oiseaux : dans le *vṛṣārava* (littéralement « (à la) voix de taureau », « (à la) voix virile ») un type de coucou (« *hawk-cuckoo* ») et dans le *ciccika* un martinet (?) à crête (« *crested swift* »). Nous traduisons un peu librement, en cherchant parmi les oiseaux du soir les musiciens de cette procession.

Quelqu'un appelle une vache, quelqu'un a coupé du bois,
se tenant en Dame-Forêt, au soir, quelqu'un a crié, pense-t-on.

Mais Dame-Forêt ne tue pas, si on n'y entre pas en étranger ;
ayant mangé un doux fruit, on s'y repose à loisir.

Parfumée d'onguents, fragrante, riche en nourriture, sans labour,
pour (elle), mère des antilopes, (pour) Dame-Forêt je viens de chanter[12].

Silvia D'Intino
CNRS, ANHIMA

12 Notre traduction. Voici le texte original : *áraṇyāny áraṇyāny asaú yā́ préva náśyasi / kathā́ grā́maṃ ná pṛchasi ná tvā bhī́r iva vindatīm̐ // 1 vṛṣāravā́ya vádate yád upā́vati ciccikáḥ / āghāṭibhir iva dhāváyann araṇyānír mahīyate // 2 utá gā́va ivādanty utá véśmeva dṛśyate / utó araṇyāníḥ sāyáṃ śakaṭī́r iva sarjati // 3 gā́m aṅgaíṣa ā́ hvayati dā́rv aṅgaíṣó ápāvadhīt / vásann araṇyānyā́ṃ sāyám ákrukṣad íti manyate // 4 ná vā́ araṇyānír hanty anyáś cén nā́bhigáchati / svādóś phálasya jagdhvā́ya yathākā́maṃ ni padyate // 5 ā́ñjanagandhiṃ surabhím bahvannā́m ákṛṣīvalām / prā́hám mṛgā́ṇām mātáram araṇyāním aśaṃsiṣam // 6.*

ADAPTATION AU MILIEU « INHOSPITALIER »

Le littoral marécageux du Latium méridional (Italie)

De nos jours, des termes comme milieu « hospitalier » ou « inhospitalier » sont presque désuets, à moins de parler d'endroits extrêmes comme les espaces désertiques. En effet, les progrès technologiques des périodes moderne et contemporaine ont permis d'occuper même les terrains les moins propices de la planète en les transformant en un environnement convenable. Évidemment, une partie de ces installations s'appuie aussi sur un réseau dense de transports leur permettant d'importer de partout dans le monde les ressources manquantes. Si aujourd'hui nous avons conquis ces milieux inhospitaliers de façon à peine imaginable et parfois dangereuse pour l'équilibre écologique, il serait erroné de croire que les Anciens ont négligé ces territoires difficiles, sans chercher à en tirer avantage.

Le littoral du Latium méridional constitue un bon exemple d'un territoire qu'on pourrait de prime abord considérer inhospitalier, ou du moins inapproprié à une activité productive. Aujourd'hui couverte de vastes champs agricoles ou occupée par des villes balnéaires, la côte tyrrhénienne entre le Tibre et le Garigliano ne s'affiche plus sous la même lumière qu'au premier millénaire av. J.-C. À cette époque il s'agissait d'un littoral profondément marécageux, marqué par une alternance de lagunes côtières et de plaines gorgées d'eau. Son aspect actuel est le résultat d'une multitude de travaux d'assèchement et d'assainissement dont l'essentiel a eu lieu sous les Bourbons au XIXe siècle et à l'initiative de Mussolini dans la première moitié du XXe siècle.

Les auteurs anciens dépeignent souvent une image négative de ces plaines, à l'exemple de Strabon qui, à la fin du Ier s. av. J.-C., décrit dans sa *Géographie* un littoral marécageux et malsain[1] autour des villes

1 Strabon, *Géographie*, V, 3, 5.

d'Ardée, d'Antium, de Sétia, de Terracine, du promontoire de Circé, ainsi que dans la plaine Pontine (fig. 1). En effet, les reconstructions s'appuyant sur la sédimentologie et la cartographie ancienne permettent d'envisager que la moitié environ de la côte du Latium méridional était auparavant occupée par des lagunes. S'y rajoutent les nombreuses zones marécageuses et un important réseau de cours d'eau, formant un territoire où l'eau est quasi omniprésente. Il n'est donc pas étonnant que les peuples qui habitaient cette région aient eu une relation particulière au milieu aquatique et que dès la Protohistoire ils aient cherché à l'exploiter grâce à divers dispositifs. Le cas du littoral latial permet ainsi d'illustrer d'une manière exceptionnelle la capacité des peuples anciens à s'adapter à leurs conditions environnementales mais aussi leur ingéniosité quant à la recherche des innovations techniques pour tirer avantage de ce milieu compliqué.

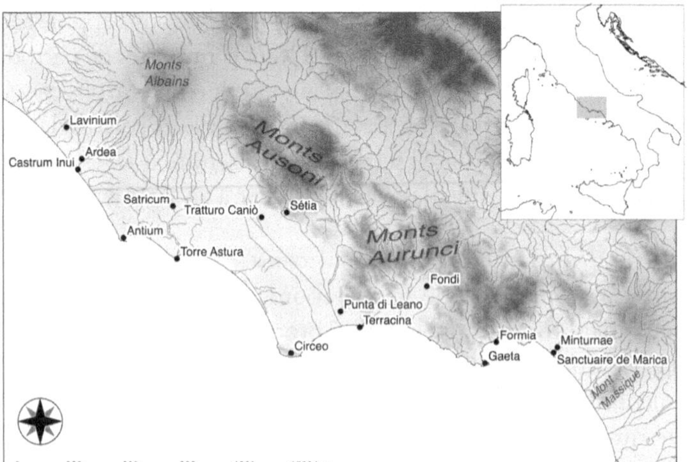

FIG. 1 – Le littoral tyrrhénien entre le Tibre et le Garigliano (carte conçue par l'A. à partir du MNT réalisé par l'Institut National de Géophysique et de Vulcanologie d'Italie. URL : http://tinitaly.pi.ingv.it).

L'adaptation des peuples antiques du Latium côtier à leur milieu est tout d'abord visible dans l'économie productive de la région. Les terres gorgées d'eau sont peu propices à la culture du blé et ne permettent donc pas de compter sur une économie nourricière uniquement fondée sur le rendement des champs de céréales. Ainsi, ces peuples ont souvent fait appel à une économie mixte, associant agriculture et élevage. Le fait de varier les sources potentielles d'approvisionnement assure une subsistance plus régulière et de la nourriture en quantité suffisante pour un plus grand nombre d'habitants. Ce système hybride est visible dès l'Âge du Bronze dans la plaine Pontine où certains sites ont révélé des os d'ovicaprins, de porcins et de bovins associés à des macro-restes d'orge, d'amidonnier et de lentilles[2]. La consommation de viande reste occasionnelle durant l'Antiquité et souvent associée à des rituels religieux, d'où le grand nombre de restes animaliers mis au jour dans des sanctuaires comme celui de *Castrum Inui* près d'Ardée[3] ou celui de Satricum, à la limite de la plaine Pontine[4]. L'élevage permettait cependant de combler bien plus que l'apport en viande : le lait utilisé pour la fabrication des fromages ou encore les matières premières d'origine animale telles que la laine, les os, les cornes et la peau étaient toutes des ressources essentielles dans le quotidien d'une communauté.

Loin d'être aussi inhospitalier qu'il n'y paraît, le paysage du littoral du Latium méridional possédait, en réalité, même des avantages considérables pour l'élevage des animaux. Les pentes des montagnes des Apennins dans l'arrière-pays ou à proximité des côtes procuraient des terres parfaites pour le pâturage estival. À l'approche de l'hiver, on descendait les animaux dans les plaines marécageuses et au bord des lagunes où le climat était plus doux et où ils pouvaient plus facilement trouver le sel indispensable à leur alimentation. En effet, l'élevage d'animaux nécessite un apport conséquent en sel[5], ce que les Anciens n'ignoraient point comme en témoigne un passage de Pline l'Ancien sur les bienfaits du sel pour l'appétit des bêtes et la qualité du lait produit[6]. Les pâturages d'hiver, rapprochés des côtes, facilitaient ainsi l'accès à ce produit que l'on était obligé de transporter en quantité dans les montagnes de l'arrière-pays pendant le reste de l'année. Ces pratiques de transhumance laissent peu de traces archéologiques, même si nous arrivons parfois à reconstituer de probables chemins utilisés. En revanche,

2 C'est le cas du site de Tratturo Caniò : Feiken, 2014, p. 232-233, 260.
3 Di Mario, 2007, p. 69.
4 Gnade, 2008, p. 25, 70.
5 Cifani, 2020, p. 34.
6 Pline l'Ancien, *H.N.*, XXXI, 41.

la persistance de cette pratique dans certains territoires telles que les environs de Minturnes encore jusqu'au milieu du XXe siècle, donne une bonne indication de l'enracinement de cette tradition pastorale.

Les communautés du littoral avaient ainsi trouvé un moyen de tirer profit de ces lagunes et marais en les exploitant pour en extraire une ressource particulièrement précieuse à l'époque antique. Le sel avait en effet une multitude d'usages, servant en plus de l'élevage des animaux aussi aux hommes pour leur propre nourriture. En outre, il avait un rôle important dans la conservation des aliments, dans la médecine ou encore dans la fabrication de tissus et de peaux[7]. Il n'est donc pas étonnant de constater que cette ressource semble avoir été exploitée sur la côte latiale dès l'âge du Bronze, notamment dans la zone entre Nettuno et l'embouchure du fleuve Astura[8]. Les périodes postérieures sont plus silencieuses mais quelques inscriptions indiquent la présence des commerçants du sel (*socii salinatores*) à Minturnes au Ier s. av. J.-C.[9]. D'autres indices plus récents permettent aussi d'identifier des zones saumâtres désormais disparues près d'Ardée (comme l'indique le nom de la localité *Le Salzare*) et au nord du Mont Circé (où des travaux de désalinisation ont eu lieu au XVIIIe siècle).

Nous avons mentionné plus haut que, pour faire face à cet environnement moins favorable, les communautés avaient instauré un système d'économie mixte où les rendements des cultures étaient associés à des produits issus de l'élevage. Où se trouvaient alors les plantations dans ce milieu en grande partie marécageux et très fréquemment inondé ? En reprenant l'exemple de la plaine Pontine – l'un des plus parlant pour comprendre l'occupation d'une région gorgée d'eau – nous remarquons qu'avant même de tenter d'assécher ces terres, les habitants avaient trouvé des moyens alternatifs pour planter leurs cultures. Une première solution portait sur le choix de leur emplacement. Avant l'assèchement partiel de la plaine surtout à partir de la conquête romaine au IVe s. av. J.-C., la culture des céréales semble plutôt destinée aux cônes alluviaux et aux pentes basses des montagnes, ainsi qu'aux terrasses marines ou encore aux levées de petites rivières. De plus, les recherches récentes

7 Pline l'Ancien, *H.N.*, XXXI, 39-45.

8 Attema, 2008.

9 *CIL* I² 2691, 2698 et 2703.

ont identifié l'emploi dès l'âge du Bronze de l'agriculture sur brûlis, permettant d'obtenir des sols plus riches et d'augmenter le rendement des cultures. Cette pratique est restée en usage au moins jusqu'à l'époque romaine alors que les méthodes d'assèchement du terrain devenaient de plus en plus courantes afin d'améliorer la qualité des terres occupées[10].

L'époque romaine voit également la diffusion de plus en plus large de la culture de vignes, peut-être déjà à partir de la fin du IVe ou du début du IIIe s. av. J.-C. L'une de ces cultures nous paraît d'un intérêt particulier quant à la capacité d'adaptation à un milieu inhospitalier. Il s'agit de la production du « cécube », un vin liquoreux de la région marécageuse autour de Fondi, classé par l'érudit latin Pline dans les années 70 apr. J.-C. comme le premier des grands crus originaires d'Italie[11]. Les vignes de ces terres instables poussaient enlacées aux peupliers qui leur servaient de tuteurs, une technique connue dès l'époque mycénienne en Crête et plutôt bien répandue en Italie romaine. Qui plus est, il est probable que la qualité liquoreuse si prisée du vin lui venait précisément des conditions humides dans lesquelles poussaient les raisins, ce qui aurait favorisé la formation de ce qu'on appelle la « pourriture noble » (*botrytis cineraea*)[12].

La capacité d'adaptation des peuples antiques à ce milieu particulier est aussi visible à travers les infrastructures mises en place. En effet, le réseau dense des cours d'eau affluant sur le littoral latial s'avère particulièrement utile pour faire communiquer les sites côtiers avec ceux de l'arrière-pays, notamment pour le transport de diverses ressources. Les exemples, même dans cette zone limitée, sont nombreux : Satricum et la rivière Astura, Minturnes et le Liri-Garigliano, pour n'en citer que deux. Or, la navigation pouvait aussi se faire sur des cours d'eau de petite taille, voire sur des marais et des lagunes. Le cas de Terracine paraît ici particulièrement probant. Surplombant la partie méridionale des marais pontins, son histoire est étroitement liée à ces terres aquatiques, ce que nous indique également la description qu'en donne Tite-Live dans sa formule « *urbs prona in paludes* » (« la ville inclinée vers les marais »)[13].

10 Concernant l'exploitation de la plaine Pontine voir Feiken, 2014, surtout p. 260-271 avec références.

11 Pline l'Ancien, *H.N.*, XIV, 59-79.

12 Salviat et Tchernia, 2014, p. 186.

13 Tite-Live, *Histoire romaine*, IV, 59, 4.

Aux époques antique et médiévale, un cours d'eau appelé *Il Fiumicello* passait en bas de la ville haute, permettant de rejoindre les établissements à l'intérieur des terres ; une pratique dont témoigne le souvenir d'un port fluvial médiéval dit *Porto dei Sandali*, d'après le nom des embarcations à fond plat qu'on utilisait pour emprunter cet axe. Des vestiges romains découverts à cet emplacement suggèrent l'ancienneté de la pratique. Elle est par ailleurs confirmée par un passage d'Horace qui raconte son voyage en bateau tiré par une mule sur le canal longeant la voie Appienne et aboutissant près de Terracine[14]. Sans doute l'usage des embarcations à fond plat n'était pas uniquement réservé à cet axe mais constituait un moyen de déplacement répandu sur les cours d'eau et les lagunes de la région.

Parfois, cependant, la simple adaptation aux conditions environnantes ne s'avérait pas suffisante. Des méthodes spécifiques étaient alors employées pour améliorer la qualité du terrain et diminuer les éventuels dégâts dus aux inondations. Cette nécessité de protection contre l'eau est l'une des explications proposées pour la technique particulière de construction de la voie monumentale à *Satricum* déjà à la fin du VIe s. av. J.-C.[15]. D'autres zones de la plaine Pontine semblent avoir été surélevées grâce à l'apport de pierres volcaniques, de cailloux ou de gravier ; une pratique qui semble s'intensifier à l'époque romaine[16]. C'est probablement aussi sous contrôle romain, à partir du IVe s. av. J.-C., que sont aménagés divers canaux de drainage souterrains appelés *cuniculi*. Ils permettent ainsi de gagner de la terre arable et de réaliser, en 312 av. J.-C., le tracé rectiligne de la *via Appia* à travers les terres auparavant marécageuses[17].

Ce cas d'étude montre les réponses techniques qui ont permis aux peuples du Latium antique de s'approprier le littoral marécageux et lagunaire déjà durant le Ier millénaire av. J.-C. En s'adaptant et en transformant leur environnement, ils ont réussi à en tirer une grande variété de ressources et à mettre en place des réseaux de communication pour acheminer les produits de la côte vers l'arrière-pays montagneux et *vice versa*. Cette symbiose avec le milieu à dominance aquatique qui

---

14 Horace, *Satires*, I, 5, 1-26. *Porto dei Sandali* et les découvertes de 1972 *cf.* Di Mario, 1994, p. 41-67.

15 Gnade, 2008, p. 52.

16 Feiken, 2014, p. 219, 269 avec références bibliographiques.

17 Quilici Gigli, 2020.

les entourait se manifeste aussi à travers certaines des divinités vénérées. C'est le cas de la nymphe Marica dont le sanctuaire occupe l'embouchure du Garigliano, qui tire son nom même du terme indo-européen *mari*, signifiant « lagune » ou « marécage ». C'est également vers un élément aquatique que renvoie le culte de Féronia et son sanctuaire associé à une ancienne source près de Terracine, à Punta di Leano. À l'époque d'Auguste, le poète Horace souligne cette association lorsqu'au terme de son trajet sur le canal longeant la voie Appienne, il dit s'être lavé dans la source de Féronia[18]. Ce faisant, il révèle le rôle du sanctuaire en tant que nœud symbolique dans le réseau réunissant les voies d'eau de la région. Ainsi, la sacralité que les peuples du Latium antique semblent accorder à l'eau et à la nature de façon générale (notons aussi le culte de Circé, divinité de la nature sauvage et de la navigation) nous confirme irrévocablement la place centrale que celle-ci occupe dans leur quotidien et dans leurs préoccupations.

Laura DÉCHERY
Docteure de l'EHESS, ANHIMA

18 Horace, *Satires*, I, 5, 24-25.

OUTRAGE ET CHÂTIMENT

Transformer le milieu naturel dans l'antiquité grecque et romaine

Aménager les côtes, implanter des cultures, creuser des mines, construire des ponts : autant de raisons qui justifiaient, pour les Grecs et les Romains l'intervention sur l'environnement sensible et sa transformation, radicale parfois, défiant de façon délibérée un ordre cosmique censé être voulu par les dieux.

Un premier mobile résidait bien évidemment dans la satisfaction d'un besoin, dans la réalisation d'un gain. L'extraction des métaux a été la forme d'exploitation plus vaste et destructrice, comme les Anciens mêmes le reconnaissent : le grand érudit Pline l'Ancien décrit, outre l'emploi des feux de bois pour creuser les galeries minières, le recours à une technique encore plus brutale, dite *ruina montium*, « "effondrement" ou "destruction" des montagnes », qui consistait à convoyer une grande masse d'eau vers le gisement en provoquant ainsi sa désagrégation (*Histoire Naturelle* XXXIII, 70-78). Les traces archéologiques de ce procédé sont encore visibles dans les mines d'Espagne, par exemple sur le site de Las Medulas (province de Leon actuelle)[1].

Les cultures agraires comportaient elles aussi, un aménagement du territoire, moins violent toutefois, qui prenait parfois les caractères d'une véritable « domestication » du paysage tout en respectant la variété des espèces, les rythmes du labour et même l'existence d'aires non cultivées. Dans l'Antiquité, la diversité des espèces végétales était bien supérieure à celle que la spécialisation des monocultures a imposé à partir du XVIIIe et encore plus au courant du XXe siècle. L'alternance de la jachère et des cultures, ou des cultures entre elles – légumineuses, céréales – permettait aux sols de se renouveler et de se régénérer. On pourrait percevoir ici les

1 Voir Bordes-Domergue, 2007, qui soulignent que Pline avait probablement visité personnellement ces mines ibériques.

prémices de la formation du "jardin méditerranéen" des champs quadrillés et fermés, selon l'expression forgée par un grand historien du paysage, Emilio Sereni. En outre, des vastes aires étaient délibérément laissées en friches, pour des usages privés ou collectifs, pour l'approvisionnement du combustible et pour le pâturage[2]. Cet équilibre reste fragile bien sûr. Les documents anciens, contrats et lois notamment, font parfois entrevoir les innombrables conflits et crises et prouvent la nécessité constante de négociations, contrôles et interdictions. À la seconde moitié du IVe siècle, un règlement athénien disposait des amendes pour quiconque coupât les arbres du petit bois (*alsos*) sacré à Apollon[3]. À la fin du IVe-début du IIIe siècle av. J.-C, le bail des terres sacrées de la cité grecque d'Héraclée, en Italie méridionale, établissait avec précision le nombre d'arbres à planter, le type de cultures et leur exploitation. Ainsi, les exemples ne manquent pas[4]. Un ensemble de motivations, religieuses, normatives et économiques à la fois expliquent ces choix de contrôle d'un territoire anthropisé et soumis à une entité politique.

Il y a ensuite des formes d'intervention sur l'environnement qui semblent moins relever d'un besoin matériel que répondre à une volonté délibérée de transformation du territoire. Ces modifications visent à plier les éléments naturels à des pratiques de circulation, à des stratégies de contrôle et parfois, tout simplement à une image idéale du paysage et à une volonté de domination. Souvent, ces interventions concernent les espaces maritimes et les lignes côtières qui s'en trouvent profondément modifiées. Les îles proches du littoral peuvent être rattachées à la terre ferme et transformées en péninsules : à Syracuse, fondée par les Corinthiens en 733 av. J.-C., l'île d'Ortygie fut reliée à la côte et formait au Ve siècle le noyau de la ville (Thucydide VI, 3). Cette audacieuse opération, au moment même de la fondation, avait comporté le déplacement des anciens habitants, les Sicules : les vestiges de la voirie urbaine d'Ortygie remontent à la toute fin du VIIIe siècle.

On pouvait aussi, à l'inverse, couper des isthmes pour créer des îles. Ce fut le cas des côtes de l'Illyrie, entre l'Albanie et l'Épire actuels, là encore dans le cadre de l'expansion corinthienne des VIIIe et VIe siècles av. J.-C.

2 Sereni, 1991, p. 97.

3 Sur ce décret athénien, voir Gubbiotti, 2019.

4 L'interdiction de couper des arbres se trouve dans plusieurs lois sacrées : voir par exemple la loi des Mystères d'Andania (*IG* V 1, 1390 ; *LGS* nr. 58 ; *LSCG* nr. 61, l. 78) et le texte d'une inscription de Cos interdisant de couper les cyprès sacrés (*LSCG* nr. 150A).

La côte entre les fondations corinthiennes d'Ambracie, Anaktorion et Leukas fut profondément transformée à l'initiative des tyrans Cypsélides, qui prirent le pouvoir à Corinthe en 657 av. J.-C. En effet, selon le géographe Strabon (I, 3,18 ; X, 2, 8), après avoir coupé l'isthme appelé Neritos, les Corinthiens auraient transformé la langue de terre en île, où ils auraient concentré la population de l'ancien isthme. La nouvelle île, reliée à la terre ferme par un pont, s'appelait désormais en grec *Leukas*, l'île blanche. Quelques siècles plus tard, toutefois, la nature avait fini par reprendre le dessus : selon le témoignage circonstancié de Pline l'Ancien (IV, 2,1) « le souffle des vents rétablit la communication en accumulant les sables ; ce canal comblé s'appelle Dioryctos et a une longueur de trois stades », à savoir l'équivalent de 552 mètres. Modifications de lieux, changements de noms : de Neritos à Leukas à Dioryctos, les interventions artificielles imposent leur marque aussi à la toponymie. Ici encore, les transformations du paysage vont de pair avec la domination sur les populations locales qui comporte une rupture brutale avec la situation antérieure. La construction des routes était une autre occasion d'intervenir de façon radicale et parfois spectaculaire sur les paysages, comme certains textes d'époque impériale romaine le vantent avec emphase : c'est le cas de la *Tabula Traiana*, une inscription monumentale gravée sur la falaise qui surplombe le fleuve Danube, rappelant que l'empereur a creusé les montagnes (*montibus excisi*) pour réaliser la route qui longeait le fleuve, ce qui remonte à la première campagne contre les Daces en 100-101[5]. Visible uniquement par la voie d'eau, cette inscription est à la fois une prouesse technique et une modification permanente du paysage naturel de la falaise ; par sa forme artificielle et par les signes sémantiques en latin, elle devient l'expression concrète du pouvoir lointain.

Mais, parmi ces interventions, le projet qui a cristallisé pendant des siècles et des générations l'imaginaire collectif et la volonté des puissants, aussi bien Grecs que Romains, a été la percée de l'isthme de Corinthe : l'« Isthme », par excellence, de la Méditerranée antique. Conçu d'abord par le tyran corinthien Périandre au VIIe siècle av. J.-C[6]., le projet fut repris par le roi macédonien Démétrios Poliorcète au début

---

5 L'inscription se trouve dans la Serbie actuelle, dans le lieu dit « Portes de Fer », *CIL* 3, 8267.

6 Diogène Laërce I, 7, 99.

du IIIe siècle[7] et, deux siècles plus tard, par Jules César[8], ce fut ensuite le tour de deux empereurs romains connus pour leurs extravagances, Caligula[9] et Néron[10]. Ce dernier poussa assez loin son intention : l'historien Suétone a immortalisé l'empereur dans l'acte de donner le premier coup de pioche et de porter sur ses épaules la terre ainsi remuée[11]. En 67, le projet reçut même l'apport de 6000 prisonniers juifs, choisis parmi les plus jeunes et vaillants, envoyés de Galilée par Vespasien, alors chef de la campagne romaine en Judée[12]. Une tentative de reprise du projet par le riche mécène Hérode Atticus, au IIe siècle de notre ère, n'eut pas de suite[13] : ce fut seulement à l'époque contemporaine entre 1881 et 1893 que l'entreprise fut enfin réalisée. Les études spécialisées publiées dans ces décennies soulignèrent que les travaux modernes avaient repris, au moins en partie les tracés de Néron[14], dans une volonté affichée de continuité entre le passé et le présent. Dans ces projets ambitieux de l'Antiquité, l'audace se couple parfois de l'extravagance, dans une surenchère qui a le but explicite de flatter les hommes de pouvoir. Dans la préface de son livre II sur l'architecture, l'auteur romain Vitruve raconte qu'un architecte grec du IVe siècle av. J.-C., Dinocratès de Rhodes, aurait proposé à Alexandre le Grand le projet de sculpter le mont Athos [...] en forme de statue du jeune roi tenant dans ses mains une ville entière ! Le refus d'une telle fantaisie de la part d'Alexandre est tout à l'honneur du souverain macédonien[15].

Les cas jusqu'ici évoqués sont très différents entre eux. Ils possèdent néanmoins un élément commun : tous ont été perçus par les Anciens,

7 Strabon I, 3,11.

8 Suétone, *Caes.*, 44, fait état aussi du projet de construire une route reliant l'Adriatique au Tibre, en traversant les Apennins ; Plutarque, *Caes.* 58, relate également du projet de dévier le cours du Tibre ; Dion Cassius, XLIV, 5.

9 Suétone, *Caligula*, 21 : l'empereur aurait envoyé un officier (*primipilaris*) pour commencer cette œuvre (*ad dimetiendum opus*)

10 Lucien, *Néron ou l'entreprise de percer l'Isthme*, II.

11 Suétone, *Néron*, 19 : *signo dato primo rastello humum effodit et corbulae congestam umeris extulit. Cf.* aussi Dion. Cass. LXIII, 16-17 : Néron creuse le sol et incite les autres à faire de même ; il envoie un grand nombre d'hommes (*plethos*) d'autres pays également et nécessite pour ces travaux d'une grande quantité d'argent.

12 Joseph, *de Bell. Jud.* III, 540.

13 Philostrate, *Sophiste* II, 6.

14 Gerster, 1884, p. 229 : « après avoir étudié minutieusement jusqu'à quatre tracés différents, on a dû adopter comme le plus avantageux celui qu'avait choisi Néron ».

15 Vitruve, *De architectura* II, préface 1-4.

Grecs et Romains, comme des formes plus ou moins profondes de violation de la nature, de son ordre et de ses lois, qui n'appartient pas aux êtres humains. C'est le sentiment si bien exprimé par l'oracle que, selon l'historien Hérodote (I, 174), la Pythie de Delphes aurait rendu aux habitants de Cnide, en Ionie, lorsque, à l'époque de l'expansion perse au VIe siècle, ils avaient voulu creuser un canal pour faire de leur ville une île : « Ne fortifiez pas l'isthme et ne creusez pas des canaux ; car Zeus lui-même aurait créé une île, si il l'avait voulu. ». Un sort malheureux pouvait frapper ceux qui ne tenaient pas compte de ces interdits : les habitants de Camarine en Sicile avaient voulu assainir le marais proche malgré l'avis contraire de l'oracle d'Apollon : or ce fut justement par cette aire désormais asséchée que les ennemis purent envahir la ville[16]. Pline condamne ouvertement le projet de couper l'isthme de Corinthe : « dessein malheureux – dit-il – ainsi que l'a montré le sort de tous ceux qui ont tenté cette entreprise » (IV, 2)

Le fait de couper des arbres pouvait être en soi un sacrilège : dans son *Hymne à Déméter*, le poète hellénistique Callimaque met en vers le châtiment du roi de Thessalie Erysichton qui, ayant osé par avidité de couper les arbres sacrés à la déesse, fut condamné par cette dernière à subir les tourments d'une faim inépuisable[17]. L'activité même de labourer a été parfois perçue comme une contrainte et une souffrance régulièrement imposée à la terre nourricière, qui pouvait finir par épuiser sa fertilité : des vers de l'*Antigone* de Sophocle expriment bien le harassement que les êtres humains infligent sans cesse à la terre (Γᾶν ἄφθιτον, ἀκαμάταν ἀποτρυεται)[18]. Quelques siècles plus tard, les auteurs romains de traités d'agriculture s'opposent à cette vision pessimiste, tel Columelle, au Ier siècle de notre ère : la capacité de production et de régénération de la terre est pratiquement inépuisable, même si son exploitation nécessite des pauses[19].

Cette idée d'un « repos », d'une trêve nécessaire est curieusement appliquée également aux mines et aux carrières : quelques auteurs anciens sont persuadés de leur capacité à « se remplir à nouveau avec le temps », comme Strabon l'affirme à propos des mines de fer de l'Elbe

16 Servius, *ad Virg. Aeneide* 3,701 ; Fedeli, 1990, p. 41.
17 Sur ce passage, voir Longo, 1988, p. 20-21.
18 Sophocle, *Antigone*, v. 332-340 : *cf.* Longo, 1988, p. 28.
19 Columella II,1 ; *cf.* aussi Fedeli, 1990, p. 43-44.

et des carrières de pierre de Rhodes[20]. Toujours est-il que la quête des métaux, notamment des minéraux précieux, est perçue comme un acte de violence sur les lieux les plus intimes et protégés de la terre, que l'on accomplit uniquement pour avidité et pour le désir illimité des richesses. Ce sont notamment les auteurs du Ier siècle de notre ère, tels Sénèque et Pline, témoins de l'affluence à Rome d'énormes richesses et de pratiques de luxe effréné, à élever leur voix contre cette violence faite au milieu naturel. Écoutons Sénèque, lorsqu'il affirme que la nature elle-même avait voulu cacher dans ses profondeurs l'or, l'argent et même le fer pour empêcher aux hommes de perpétrer des mauvaises actions[21]. La sagesse de la nature est ainsi bafouée par les hommes, qui n'hésitent pas à renverser cette volonté d'un ordre naturel qui devient en quelque sorte un interdit éthique. Pline renchérit, en observant que dans sa quête de biens de plus en plus abondants et précieux, l'homme est arrivé à défier la nature : « *didicit homo naturam provocare* ». La célèbre image de Tacite des Romains comme les *raptores orbis*, les prédateurs de la terre (*Agr.* 30), condamne non seulement la brutalité de la conquête, mais aussi la dévastation du milieu naturel qu'elle comporte. Ainsi, qu'ils soient réels ou légendaires, superficiels ou profonds, les bouleversements du milieu et de l'ordre naturel tiennent de la violation d'une prescription divine et d'un interdit sacré. Ce constat est encore plus vrai dans le cas des altérations radicales, parfois spectaculaires, accomplies sur le milieu naturel, considérées quelquefois comme les expressions d'une pure volonté de domination. En effet, la plupart des instigateurs et acteurs de ces grandioses projets de changements sont des despotes caractérisés par leur *hubris*, leur arrogance et démesure, qui amène à une forme d'impiété. Leur posture n'est pas isolée : après tout, l'histoire même de l'homme commence, pour les Grecs, par l'appropriation d'un élément naturel, le feu, un geste qui est à la fois une forme de domestication de la nature et la violation d'un interdit religieux.

Cette dualité qui oscille entre la volonté de domination technique et politique sur le milieu naturel et le sentiment d'un outrage, voire de la trahison d'un ordre supérieur et indépendant des êtres humains, semble traverser comme un fil rouge les sociétés grecques et romaines,

---

20 Strabon V, 2, 6 ; voir aussi Pline XXXIV, 164, sur les mines de plomb de l'Espagne.

21 Sénèque, *Epist.* 94, 57.

malgré leur diversité profonde. Elle apparaît aussi en résonance avec les contradictions de la modernité occidentale face à l'environnement, déchirée entre l'affirmation de sa domination et son impulsion vers une croissance illimitée et la mauvaise conscience des destructions parfois irréversibles qu'elle provoque.

Maria Cecilia D'Ercole
EHESS, ANHIMA

NATURA OCEANI

Les Romains et les marées océaniques

Le règne d'Auguste marque un tournant dans l'histoire de la conquête romaine, avec l'avènement de la perception d'une domination territoriale d'un Empire aux confins reconnus[1]. En témoigne, pour ce qui concerne sa façade atlantique, l'une des formules fameuses des *Res Gestae* (26, 2) s'appliquant à la pacification des provinces occidentales, « tout le territoire que délimite l'Océan entre Gadès et l'embouchure de l'Elbe ». C'est précisément sous Auguste que Strabon rédigea sa *Géographie*, puisant parmi ses lectures chez des auteurs les plus anciens, à commencer par Homère. Pour apporter à son lecteur « une nouvelle preuve de la curiosité scientifique » de ce dernier, Strabon (1, 1, 7) prétend que « le double phénomène du flux et du reflux de l'Océan ne lui [Homère] était pas demeuré inconnu ». Cependant, il n'en est rien. Le terme grec *plèmuris* qui s'appliquera plus tard à la marée montante désigne dans l'épisode du Cyclope (*Odyssée*, 9, 480-490) « le flot montant venu de la haute mer » (*plèmuris ek ponto*) provoqué par le rocher lancé par Polyphème en direction du navire d'Ulysse. Chez Homère comme chez Hésiode, les allusions aux mouvements d'*Okéanos* obéissent à la représentation d'un fleuve circulaire entourant le monde habité : « le fleuve qui va coulant vers sa source » (*Théogonie*, 776). Par ailleurs, les apories de la théorie de « l'exocéanisme » d'époque hellénistique qui tend à replacer certains épisodes de l'épopée dans le monde atlantique ont été démontrées[2].

Dans l'œuvre d'Aristote, comme chez Platon avant lui, le phénomène des marées est encore ignoré tandis que le monde océanique au-delà des « colonnes d'Hercule » est représenté comme une cuvette d'eau vaseuse, presque immobile et de faible profondeur. Une telle représentation correspond étrangement aux fragments du « journal » d'Himilcon (général

1 Hurlet, 2015, p. 106-109.

2 Aujac, 1972, p. 82, Goukowsky, 2006, p. 95.

carthaginois du VIe siècle av. J.-C.) qui avait navigué en direction du Nord après avoir franchi Gibraltar et dont la description s'est conservée près d'un millénaire plus tard chez le poète de l'Antiquité tardive Aviénus (*Ora maritima*, 216 *sq.*) : une eau peu profonde étendue sur un fond de vase et remplie d'algues freinant les navires, peuplée de monstres marins. Plutôt qu'une vision « topique » (elle ressurgit entretemps dans le fameux poème d'Albinovenus Pedo, l'officier de Germanicus)[3], ne faut-il pas voir ici simplement une description du littoral à marée basse ? Un pas décisif fut accompli dans la découverte du monde océanique et de ses marées dans la deuxième moitié du IVe siècle av. J.-C. : en Orient, à l'occasion de la conquête d'Alexandre le Grand en direction de l'Océan indien ; en Occident, lors de l'expédition du Marseillais Pytheas qui atteignit au moins les îles Shetlands, sans doute la Scandinavie, et peut-être l'Islande[4]. Dans son traité *Sur l'Océan*, conservé par fragments, un développement était consacré aux marées. Des progrès décisifs dans l'interprétation du phénomène furent accomplis par les géographes grecs du IIIe siècle au Ier siècle av. J.-C., depuis Eratosthène jusqu'à Athénodore, en passant notamment par Posidonios (135-150 av. J.-C.). En dépit de son erreur relative aux amplitudes annuelles maximales qu'il situe aux solstices au lieu des équinoxes, ce dernier a franchi un pas décisif en ajoutant l'effet de la masse solaire à celui, déjà identifié, du cycle lunaire, sur l'ampleur et le rythme des marées. Son erreur sera rectifiée au milieu du Ier siècle ap. J.-C. par Pline l'Ancien dont l'*Histoire naturelle* (2, 98 *sq.*) offre le tableau le plus exact du système légué par l'Antiquité[5] : « au sujet de la nature des eaux, beaucoup de choses ont été dites, mais le plus étonnant réside dans la marée (*aestus*) qui entraîne le flux et le reflux de la mer, ses manifestations (*modi*) sont nombreuses, sa cause se trouve dans le soleil et dans la lune (*uerum causa in sole lunaque*) ».

Si les Romains ont en partie puisé leur savoir géographique chez les Grecs, les inventaires chorographiques accomplis par leurs généraux et leur entourage au fur et à mesure de la conquête ont été déterminants – que l'on pense, en dépit des incertitudes de son parcours, au périple

---

3 Aviénus, *Ora maritima*. *Cf.* Guillaumin et Bernard, 2021, p. 70-71.

4 L'itinéraire de Pythéas a fait l'objet de nombreuses conjectures à partir des fragments conservés de son œuvre. Dans la mesure où Thulé est un lieu habité, il pourrait s'agir du littoral de la Norvège (McPhail, 2014). *Cf.*, en dernier lieu, Scott, 2022 ; Herbaux, 2024.

5 Saint Denis, 1941, p. 134-141.

accompli par Polybe sur l'Atlantique au milieu du IIe siècle av. J.-C. à la demande de Scipion. C'est lors de la première guerre punique, que la flotte romaine paraît avoir été confrontée pour la première fois aux aléas du flux et du reflux, à l'intérieur même du bassin méditerranéen où l'effet du rythme océanique se fait ressentir à certains endroits, dans les golfes profonds (une différence de niveau de près de 80 cm dans le Nord de l'Adriatique) ou les détroits (la redoutable alternance entre les courants du « Montante » et du « Scendente » dans celui de Messine en particulier). En 253 av. J.-C., après avoir longé en direction du sud le littoral africain contrôlé par Carthage la flotte romaine s'aventura jusqu'à l'île de Méninx (l'actuelle Djerba), au moment précisément où se produisait le reflux. Les navires s'échouèrent alors sur des hauts fonds. « Ils ne purent les dégager à grand peine, précise Polybe (I, 39, 1-5), que lorsque le flux arriva, alors qu'ils ne l'espéraient plus ». Mis à part cet épisode retentissant, c'est lors de la seconde guerre punique que la progression des légions et de la flotte romaine depuis l'embouchure de l'Èbre jusqu'à celle du Guadaña permit de reconnaître le phénomène des marées. Dès son arrivée à Tarragone, en 210 av. J.-C., le jeune Scipion, considéra la prise de Carthagène, en raison de la situation de ce port, comme une étape nécessaire à la poursuite de la guerre (Tite-Live, 26, 41-45). Les défenses naturelles du site où les Carthaginois avaient installé leur base logistique étaient exceptionnelles. Baignée par la mer à l'est et au sud, au fond d'une golfe défendu à son entrée par une île, la haute presqu'île sur laquelle était fortifiée Carthagène, était également protégée à l'ouest et en direction du nord par une « lagune » (*stagnum*). La place-forte n'était donc accessible par voie de terre que le long d'un cordon littoral (d'une largeur de 400 m environ) à l'entrée duquel Scipion installa son camp, tandis que sa flotte se préparait elle-même à entrer en action avec ses machines de guerre embarquées. Le siège se serait sans doute prolongé si Scipion n'eut décidé de prendre les défenseurs à revers en s'attaquant à la partie de l'enceinte baignée par les eaux de la lagune : « elle était d'une profondeur variable (*incerta*) selon que la mer s'avance en bouillonnant (*exastuare*) ou lorsqu'elle vient à manquer (*deficere*) ». Le moment de l'attaque fut choisi en conséquence, à savoir « lorsqu'on lui annonça que la marée était descendante (*aestum decedere*) et qu'il eut observé que les pêcheurs de Carthagène utilisaient des barques légères (*leues cumbae*) ou qu'ils parcouraient la lagune à pied lorsque celles-ci s'échouaient (*sidere*) sur des bancs (*uades*) ». À l'heure de midi, un fort vent du Nord contribua encore à accélérer le retrait des eaux. Les hauts-fonds étaient découverts à ce point que les cinq cents hommes menés par leur général n'avaient de l'eau que jusqu'à la taille, parfois seulement jusqu'aux genoux. Le phénomène que Scipion avait su apprécier par « le soin » (*cura*) de l'observation et par un calcul raisonné (*ratio*), il le présenta comme une « manifestation divine » (*prodigium*) à ses soldats auxquels il ordonna de « suivre le chemin qui leur a été ouvert par Neptune et de traverser la lagune jusqu'aux remparts démunis de gardes ». Et la ville fut prise. Quatre ans plus tard, en 206 av. J.-C., alors que les Carthaginois étaient sur le point de quitter l'Espagne à l'issue de leur grave défaite d'Ilipa, la flotte de Laelius avait passé le détroit de Gibraltar pour aller mouiller à Carteia, « port situé au bord de l'Océan, à l'endroit où la mer s'étale de nouveau après le passage des falaises » (Tite-Live, 28, 30). Une conjuration commanditée par Laelius avait échoué à Gadès. Le général carthaginois Adherbal avait arrêté les conjurés et les avait fait monter à bord d'une quinquérème pour les envoyer comparaître à Carthage. En raison de la lenteur de ce vaisseau à cinq rangs de rameurs, les huit trirèmes qui devaient l'escorter partirent un peu plus tard. Alors que le lourd vaisseau était déjà engagé dans le détroit et ne pouvait plus faire marche arrière, Laelius quitta son mouillage de Carteia (avec une flotte constituée d'une quinquérème également, et de sept trirèmes) et attaqua l'escorte carthaginoise : « Seule la nature du détroit et du courant étaient maîtresse de l'ensemble du combat et les portaient aussi bien contre leurs propres navires que contre ceux des autres, alors qu'ils ramaient inutilement pour aller dans une direction opposée » (Tite-Live, 28, 30, 9). Les Romains l'emportèrent. La voie de l'Océan leur était ouverte.

Lors de sa questure en Espagne ultérieure, en 69 av. J.-C., César s'était rendu à Gadès et c'est là, devant une statue d'Alexandre le Grand dressée à proximité du temple d'Hercule qu'il aurait éclaté en sanglots, « comme écœuré de son inaction, en pensant qu'il n'avait encore rien fait de mémorable à l'âge où Alexandre avait déjà soumis toute la terre » (Suétone, *Div. Iul.*, 7, 1). Au travers de cette anecdote figure le thème de la conquête de la « mer extérieure », un objectif qui sera poursuivi par Auguste et par les Julio-Claudiens, et qui nourrira longtemps l'*imitatio*

Alexandri impériale, tandis que le thème se répandait dans les écoles des rhéteurs : « Alexandre engagera-t-il sa flotte sur l'Océan ? » : « Telle est la nature des choses Alexandre : derrière toutes choses, il y a l'Océan ; derrière l'Océan, il n'y a rien », ou encore « la fortune met à ta victoire la même limite qu'à la nature : l'Océan ferme ton empire ! » (Sénèque, *Suasoires*, 1, 3). En 61 av. J.-C., alors qu'il avait rejoint de nouveau l'Espagne ultérieure, cette fois comme propréteur, César s'attaqua délibérément aux Lusitaniens. Certains trouvèrent refuge sur des îlots peu éloignés du littoral. Il fit construire des radeaux (*schediae*) pour transporter ses fantassins jusqu'à ces îlots où ils subirent de nombreuses pertes : « En effet, celui qui les commandait aborda sur une langue de terre qui se trouvait juste devant l'île et les fit débarquer, pensant qu'ils pourraient continuer à traverser à pied ; lui-même fut ensuite déporté violemment par le jusant, les abandonnant ainsi à leur sort. Ils périrent tous après s'être vaillamment battus » (Dion Cassius, 37, 53, 2-3). Cinq ans plus tard, en 56 av. J.-C., le proconsul César finit par surprendre les Vénètes en dépit de l'adaptabilité de leurs voiliers aux conditions océaniques – une fois les drisses sectionnées et les voiles abattues ces solides navires s'offraient à un abordage réunissant les conditions d'un combat terrestre. Après le premier débarquement en Bretagne l'année suivante, en 55 av., la marée lui joua pourtant encore des tours : un partie des navires de guerre couchés sur le flanc sur le rivage furent remplis d'eau lors du flux. En 54 av. J.-C., pour sa seconde expédition en Bretagne, César tint compte de ses observations de la mer et des techniques de navigation les mieux adaptées : « Pour la rapidité du chargement et la facilité des mises à sec, il les fait un peu plus bas que ceux dont nous avons coutume d'user sur notre mer, d'autant qu'il avait observé que les vagues, par suite des changements fréquents des marées, étaient moins hautes » (*De Bello Gallico*, 5, 1, 2). Ce passage a été abondamment commenté. Notons seulement ici que l'observation de César est fondée : les creux serrés de la Méditerranée peuvent être plus redoutables que la houle de la Manche. C'est sans doute l'expérience de l'année précédente qui conduisit alors César à tirer au sec tous ses navires à l'intérieur d'un retranchement : le site pourrait en avoir été très récemment identifié à Ebbsfleet, sur l'ancienne île de Thanet autrefois séparée de la côte du Kent par le canal de Wantsum[6].

6 Fitzpatrick, 2018, p. 273-284.

Dans les régions océaniques ce n'était pas tant la navigation elle-même que la proximité du littoral, de terre comme de mer, qui présentait un danger[7]. Une page célèbre de Tacite (*Ann.*, 1, 70, 2-5) le rappelle : les deux légions reconduites par P. Vitellius en 15 ap. J.-C. en direction du Rhin le long du littoral de la Frise actuelle (car Germanicus avait évité de les embarquer pour alléger sa flotte) furent aux prises avec une grande marée : « sous le souffle de l'aquilon et aussi sous l'influence astrale de l'équinoxe, qui gonfle profondément l'Océan, voici la colonne emportée et bousculée ». Les soldats trouvèrent refuge sur une éminence jusqu'à ce que la mer se retire au lever du jour. La progression des armées romaines en Bretagne à partir de l'expédition de Claude en 43 montre que la maîtrise du phénomène des marées s'était affirmée. En 61, le gouverneur Suetonius Paulinus avait entrepris d'investir l'île insoumise de Mona (l'actuelle Anglesey), séparée des côtes du Pays de Galles par le détroit de Menai (la largeur actuelle de ce couloir maritime post-glaciaire varie entre 400 et 1100 m). Pour transporter son infanterie, le légat donna l'ordre aussitôt de construire des bateaux à carène plate (*planus alueus*) en raison de la faiblesse et de la variabilité <du niveau d'eau> (*aduersus breue et incertum*), tandis que la cavalerie traversait en suivant des hauts-fonds (*uades*) ou à la nage (Tacite, *Ann.*, 14, 29, 3). Seize ans plus tard, en 77, « bien que l'été fût passé » Agricola entreprit à son tour de passer dans l'île de Mona. Il sélectionna parmi ses auxiliaires ceux qui étaient capables de reconnaître les hauts-fonds ou de nager sans se défaire de leurs armes, « suivant leurs coutumes ancestrales » – on aura reconnu les auxiliaires Bataves. Il leur fit traverser le détroit, sans doute à hauteur des îlots des Swellies, puisque les courants antagonistes cessent dans ce secteur, au moment de l'étale qui précède le changement de marée. Les ennemis furent pris par surprise car « ils attendaient une flotte de transport, des navires de guerre et la mer <devenue haute> (Tacite, *Agricola*, 18, 5).

Alors que de telles opérations se déroulaient sur le terrain, Pline l'Ancien, pour la première fois dans l'histoire des savoirs, proposait une interprétation presque exacte du mouvement (diurne, mensuel et annuel) des marées océaniques. Cette interprétation savante accompagnait une familiarité acquise par l'auteur de l'ouvrage disparu des

7 *Cf.* Reddé, 1979, p. 31 : il faut renoncer à l'idée d'une « peur viscérale de l'Océan qui paralysait les Romains ». En dernier lieu, *cf.* Arnaud, 2020, p. 29-43.

Guerres de Germanie et qui s'était battu sur ce front ouvert en direction de la Mer du Nord.

Il n'en demeure pas moins que quelques années plus tard, alors que son beau-père Agricola faisait accomplir à sa flotte la première circumnavigation de la Bretagne (dans la foulée de l'exploit involontaire des Usipètes qui avaient montré le chemin en se mutinant), Tacite (*Agr.*, 10, 7) s'étonnait encore de la profonde avancée des eaux de l'Océan à l'intérieur des terres, comme si cette interpénétration de l'élément marin et de l'élément terrestre, à la recherche d'un équilibre toujours recommencé, constituait la véritable spécificité des terres océaniques[8] : « Ni la nature de l'Océan (*natura Oceani*) ni ses marées (*aestus*) ne sont l'objet de cet ouvrage et nombreux sont ceux qui en ont rendu compte ; je n'ajouterai qu'un point : nulle part la mer n'étend aussi largement sa domination ; elle porte ici et là de nombreux fleuves, et ne s'arrête pas au rivage (*litus*) lorsqu'elle va en s'accroissant (*adcrescere*) ou en se retirant (*resorberi*), mais elle se jette jusqu'au plus profond <des terres>, circule alentours, s'introduit jusqu'au milieu des crêtes et des montagnes comme chez elle ».

La pénétration des estuaires par la mer à marée montante est l'un des phénomènes océaniques qui a le plus marqué les Grecs et les Romains. Plus généralement, l'alternance du flux et du reflux, n'a cessé de les inspirer, et malgré le progrès des savoirs (Pline l'Ancien était parvenu à une interprétation presque exacte, on l'a vu), les plus anciennes interprétations se sont perpétuées comme l'attestent la pérennité de la représentation pneumatique chez l'auteur du *Panégyrique de Constance* en 297 ou 298 (*Pan.*, IV (8), 6, 4 : « l'immense Océan… soulevé par le souffle de sa respiration ou mû par toute autre cause »), lorsqu'il célèbre la prise du port de Boulogne, ou encore les images saisissantes de Libanios (*Discours*, 59, 138) au siècle suivant à propos de la traversée de la Manche par Constant en plein hiver 343. Le calme surprenant de cette traversée hivernale s'expliquerait-il par une coïncidence probable avec la date « des mortes eaux[9] » ? On ne négligera pas le fait que depuis César l'apaisement de l'Océan est aussi un topos, un signe de domination de la nature, de bonne conduite du gouvernement de l'empire, suggérée également dans

8 Sur la lutte entre la mer « the element which embodied nature's wild side » et la terre : *cf.* Beagon, 1992, p. 177 *sq.*

9 Hypothèse avancée par Malosse, 1999.

l'iconographie (des mosaïques en particulier) par la présence fréquente d'un gouvernail auprès du dieu *Okéanos* souvent accompagné de son épouse Téthys. En portrait, ce dieu est généralement représenté les cheveux longs et ondulés, la barbe fournie, bien reconnaissable grâce aux pinces de homard de part et d'autre de son front, à l'instar de la représentation du très célèbre « tombino » de la « Bocca della Verità » à Rome (fig. 1). Un contemporain de l'orateur d'Antioche, l'historien Ammien Marcellin, avait écrit le récit de cette même expédition du fils de Constantin en Bretagne, et, selon son habitude, avait rédigé à cette occasion un excursus consacré à cette île et aux marées dans un livre malheureusement perdu de son œuvre. On le sait car il déclare plus bas (*Histoire romaine*, 27, 8, 4) ne pas vouloir reprendre ce même excursus à l'occasion de la traversée de Théodose l'Aîné en 368, de la même façon, écrit-il, qu'Ulysse (*Odyssée*, XII, 452-453), renonce à reprendre chez les Phéaciens le long récit de ses aventures : « Quand l'histoire est connue, je hais de la redire ». Et c'est alors d'une formule singulière – elle est empruntée à Aulu Gelle (*Nuits attiques*, 14, 1, 3) dans un rapprochement avec le cycle lunaire – qu'Ammien désigne le mouvement diurne de la marée, en évoquant la succession des âges de la vie humaine : « le mouvement de l'Océan qui grandit <en devenant adulte> et qui décline <en vieillissant> (*motus adulescentis et senescentis Oceani*) ».

FIG. 1 – La « Bocca della Verità » à Rome,

Yann RIVIÈRE
EHESS, ANHIMA

QUATRIÈME PARTIE

DE LA NATURE AU SYMBOLE

LE SOLEIL ET LA STEPPE

Entre nature et culture en Mésopotamie ancienne

Lorsque l'on évoque les termes de « nature » et « culture », on est immédiatement saisi par un imaginaire anthropologique aussi foisonnant que vaste. On songe aussi bien vite que cet imaginaire est celui d'un dualisme philosophique qui a construit et organisé une grande partie du système des représentations occidentales aux époques récentes[1]. Comment donc dépasser ce clivage, cette opposition structurante entre ces deux pôles philosophiques ? Peut-être en revenant à sa source et en se penchant sur une époque où la nature n'existait pas comme concept, à une époque « avant la nature[2] ». C'est ce que nous tâcherons de faire dans cette étude en nous intéressant tout particulièrement à une puissance naturelle par excellence, divinisée dans bien des religions : le soleil, ainsi qu'à l'opposition entre ville et steppe dans la Mésopotamie antique.

Dans cette région, le Soleil a eu bien des noms. En effet, cet ensemble géographique abrita durant près de trois millénaires différents groupes ethniques, vénérant diverses divinités dont, régulièrement, des divinités solaires qui firent l'objet de syncrétismes plus ou moins aboutis. Ainsi, durant tout le IIIe millénaire (et certainement avant), à l'époque où la culture sumérienne est dominante en Mésopotamie[3], le dieu-soleil se nomme Utu. Dieu majeur de l'époque d'Uruk, protecteur de la dynastie royale, sa figure fut reprise sous les traits du dieu Shamash, d'abord par la dynastie akkadienne puis par les Amorrites durant la première moitié du IIe millénaire av. J.-C. Si les figures divines d'Utu et de Shamash ne sont pas exactement similaires, il semble qu'un syncrétisme eut lieu de sorte qu'au IIe millénaire, les mythes qui les concernent ont globalement le même contenu.

---

1 L'allusion est au titre du célèbre ouvrage de Ph. Descola (Descola, 2005)

2 Pour reprendre l'expression de F. Rochberg (Rochberg, 2016).

3 Exception faite de la période de l'empire Akkadien (2334-2154 av. J.-C.) construit par Sargon l'Ancien.

Utu/Shamash est à cette époque perçu comme un dieu bénéfique qui darde ses rayons sur toute la terre, qui fait croître les plantes et réchauffe les humains. C'est ainsi en tout cas qu'il est loué dans nombre d'hymnes, comme dans ces vers du IIe millénaire :

> Tu prends soin de tous les habitants de la Terre, / Tu fais paître tous les êtres vivants sans exception ! / Ici-haut et là-dessous, leur Berger unique, c'est Toi !
> *Grand hymne à Shamash* (trad. Bottéro, 1998, p. 82-83)

Fait intéressant : le Soleil, puissance naturelle, n'est perçu que par ce qu'il apporte au monde des hommes. La continuité entre nature et culture, au sens contemporain de cette dichotomie, est ici évidente car on a affaire à une religion proposant une continuité entre le monde divin, le monde humain, le monde animal et le monde végétal, au sein d'une chaîne contiguë des êtres.

De manière générale, Shamash est un dieu ambigu, situé entre le monde sauvage et le monde « civilisé », une distinction en forme de *continuum* qui structure autant l'économie que la cosmologie mésopotamienne. En effet, pour les Mésopotamiens le mot « nature » n'existe pas en tant que tel. Néanmoins, ce qui s'en rapprocherait le plus en akkadien seraient les mots *sērum* et *halṣum* qui désignent tous deux un espace ouvert en dehors de la cité.

À première vue, une opposition est établie entre l'*intra* et l'*extra muros*, entre le monde urbain et le monde extérieur. Cependant, cette distinction est davantage celle de l'espace domestiqué contre l'espace sauvage. Dans les textes de Mari, on trouve ainsi régulièrement le terme « *halṣum* » qui est généralement traduit par « district ». En fait, ce mot est généralement employé en diptyque avec le terme « *ālum* » qui désigne « la ville ». Dans les lettres que les hauts officiels du royaume écrivent au souverain de Mari, ils précisent généralement « la ville, ça va, le district (*halṣum*), ça va[4] ». Ce terme désigne les environs de la ville, la campagne et les terroirs irrigués : en bref, la nature domestiquée. Or cette nature est celle où pousse le grain que Shamash doit aider à germer.

Car Shamash est fondamentalement un dieu de civilisation et de royauté[5]. La plupart des hymnes et des prières qui lui sont adressés insistent sur sa capacité à rendre la justice. Or, cette qualité est l'une des caractéristiques fondamentales du monarque proche-oriental et la figure du roi-juge est

4 Durand, 2000. Pour ne citer qu'un texte, on peut mentionner la lettre ARM 26/1, 201, traduite par J.-M. Durand et dont les l. 5-6 disent « la ville de Mari, le Palais et le district vont bien ».

5 Voir Charpin, 2013.

une représentation topique. C'est pourquoi, dans l'iconographie, Shamash présente les insignes de la royauté aux souverains, comme dans le relief au sommet du Code d'Hammurabi (fig. 1.). Ici le dieu-soleil, identifiable à ses cornes, attributs des divinités, et aux rayons jaillissant de ses épaules, est en train de présenter au roi de Babylone le cercle et le bâton, symboles de la puissance royale et de l'obligation de justice afférente[6]. De manière générale, l'analogie entre Shamash, soleil de l'univers et le souverain mésopotamien comme « soleil de sa cité » est un lieu-commun de la littérature aulique babylonienne[7]. Le Soleil est alors, en tant que dieu, une figure plus anthropomorphique que naturelle (bien qu'on le représente parfois sous la simple forme d'un disque solaire). Comme le roi, il veille sur les cités et leur territoire, sur la ville-*ālum* et le district-*halṣum.*

FIG. 1 – Sommet du Code d'Hammurabi. Stèle en basalte noir, 225 × 70 × 45 cm, *ca.* 1750 av. J.-C., Musée du Louvre, Wikimedia commons, CC-BY-SA, photographie prise par « Rama ».

6 Il faut noter d'ailleurs que le dieu *présente* et n'offre pas ces insignes aux souverains : dans l'iconographie, le roi ne prend pas ces objets en main quand une divinité lui les tend.

7 Voir Charpin, 2013.

En revanche, au-delà du *halṣum* s'étend l'espace dangereux de la steppe. On s'en convaincra aisément en lisant, dans le « Grand hymne à Shamash », la description de ceux qui y vivent mais surtout de l'état de crainte dans lequel sont ceux qui y passent :

> Celui dont la famille est éloignée, dont la ville est lointaine, / Le berger [au milieu] des terreurs de la steppe, ils t'interpellent. / Le berger en guerre, le gardien des moutons parmi les ennemis. / Shamash, voilà que t'interpelle la caravane, ceux qui voyagent dans la peur, / Le marchand en voyage, celui qui porte ses richesses. / Shamash, voilà que t'interpelle le pêcheur avec son filet, / Le chasseur, l'archer qui conduit le gibier, / Avec son filet à oiseaux, l'oiseleur t'interpelle. / Le voleur, le rôdeur, l'ennemi de Shamash, / Le maraudeur le long des traces de la steppe t'interpellent. / Le mort qui marche, l'âme errante, / Ils t'interpellent, Shamash, et tu les entends tous.
>
> *Grand hymne à Shamash*, l. 135-146 (trad. Lambert 1960)

Cette crainte n'est pas seulement un *topos* littéraire, puisque dans les lettres, l'on voit aussi que la steppe représentait les limites du monde civilisé : à tel point que s'y rendre était un acte de bravoure méritant d'être signalé au roi. Ainsi, dans le texte ARM 1, 82 le souverain de Mari félicite son fils en ces termes : « tu m'as écrit que, lors du recensement, on est allé même par la limite (de la steppe) et que tu n'avais pas fait de concession ! J'en suis fort content[8] ! ». Il y a ici une limite, une frontière entre l'espace de la steppe et celui du district : si l'on a bien une continuité et une contiguïté entre ces zones, les Mésopotamiens tenaient à les distinguer. La nature ne forme pas pour eux un tout, mais une multitude de paysages et de terroirs. Cette distinction est davantage mentale que lexicale car il n'y a pas de strict *distinguo* entre les mots *halṣum* et *sērum*, mais de subtiles variations sémantiques entre le dehors apprivoisé et le dehors hostile.

Ce dernier correspond souvent dans les textes au signe sumérien « EDIN » qui signifie aussi bien « la steppe » que le désert. Il désigne de façon générale un espace sauvage et ouvert à l'extérieur de la ville. Or, la steppe, au-delà d'être un lieu de danger potentiel, est un lieu d'errance, un lieu où l'on est dépourvu de but : c'est là qu'on espère voir ses ennemis errer. On en a un exemple superbe dans les textes littéraires assyriens où les dieux vaincus par d'autres dieux sont

8 Traduction de J.-M. Durand (Durand, 1998, p. 344).

condamnés à y vagabonder comme des bêtes : « L'âne sauvage est le fantôme d'Illil ; le loup est le fantôme d'Anu. B[êl] le fit errer dans la steppe (EDIN). Les gazelles, ses filles, Bêl les fait errer la steppe. Le dromadaire est le fantôme de Tiamat. Bel lui a coupé les cornes, lui a coupé les pieds et lui a coupé la queue. Bêl l'a vaincue et l'a exhibée devant l'humanité, de crainte qu'elle ne soit oubliée » (*SAA 03, 039, r. 11-12*)[9].

Par ailleurs, la steppe est régulièrement mentionnée dans les malédictions, par exemple au Ier millénaire, un souverain assyrien souhaite à son ennemi les malheurs suivants : « puisse Sîn, le grand seigneur qui habite à Harran, draper Mati'-ilu, [ses] fils, ses magnats et le peuple de son pays dans la lèpre comme dans un manteau ; puissent-ils errer dans la steppe (EDIN), et qu'il n'y ait aucune pitié pour eux. » (SAA02, 002, r. IV, 4'-5'). Il y a une très forte continuité dans la conception mentale du paysage entre le IIe et le Ier millénaire puisqu'on trouve cette prière de faire errer son ennemi dans le désert et la steppe dans des textes paléo-babyloniens (2004-1595 av. J.-C.) aussi bien que néo-assyriens (911-609 av. J.-C.).

Cette opposition entre la ville et la steppe se retrouve aussi dans la mythologie : qu'on se rappelle le mythe de Gilgamesh. Ce mythique souverain d'Uruk se comportait de manière brutale et tyrannique, molestant ses sujets et abusant de leurs femmes. Les habitants n'en pouvant plus implorent Enlil, le chef des divinités mésopotamiennes, de les débarrasser de ce royal fléau. Le maître des dieux a une idée : il demande à la déesse Aruru, créatrice de l'humanité, de modeler dans l'argile un homme aussi fort que Gilgamesh et de le déposer dans la steppe, parmi les animaux. Aruru s'exécute et Enkidu entame une existence paisible mais sauvage au milieu des hardes et des fauves, jusqu'au jour où l'on rapporte au roi d'Uruk l'existence d'un homme vivant dans la steppe au milieu des bêtes : Enkidu. Le texte de l'épopée raconte comment cet être velu lape l'eau à même la mare, en compagnie des animaux, n'ayant pas même appris à mettre ses mains en coupe pour boire à la manière des hommes. Gilgamesh envoie donc une

9 Le récit de la victoire de Bêl/Marduk (dieu tutélaire de Babylone) sur la divinité maritime Tiamat, souveraine du monde et symbole du chaos primordial, est faire dans l'*Enuma elish*. Ce texte est la cosmogonie babylonienne la plus célèbre, elle tire son nom de ses deux premiers mots, lesquels signifient littéralement « lorsque là-haut ». Pour une édition française récente, on se réfèrera à Talon et Anthonioz 2019.

courtisane pour apprivoiser ce monstre et l'amener en ville, à Uruk. Grâce à elle, Enkidu apprend les codes de la « civilisation » et finit par être présenté à Gilgamesh dont il deviendra d'abord l'adversaire, puis le compagnon et finalement l'ami le plus cher. On perçoit ici la soumission symbolique du monde du sauvage, celui de la steppe, à celui du « civilisé » au sens étymologique du terme : celui de la cité[10]. D'autant plus que la plus fameuse des quêtes des deux héros consiste à affronter le protecteur de la forêt des Cèdres, Humbaba, et à le tuer. Ces cèdres sont par ailleurs destinés à devenir du bois de construction, notamment pour la porte du temple du dieu Enlil à Nippur. À nouveau, on retrouve l'opposition entre sauvage et civilisé, entre nature inconnue et domestiquée.

Or, le dieu qui aide sans arrêt Gilgamesh au cours de sa quête n'est autre que le dieu-soleil : il favorise par ses actions le roi d'Uruk en envoyant divers rêves prémonitoires au héros, il lui donne de nombreux conseils qui lui permettent de triompher de ses adversaires.

Si Shamash connaît si bien les dangers d'un long voyage, c'est que pour les Mésopotamiens, chaque jour, le Soleil parcourait toute l'étendue du monde avant de replonger sous terre. Il passait alors la nuit à traverser les régions souterraines avant d'émerger, au lendemain, à travers deux montagnes qu'il découpait grâce à sa scie. Ce rôle est rappelé au début du grand hymne de Shamash qui dit de lui :

> Tu traverses régulièrement les cieux, / Chaque jour tu traverses la vaste terre, / Haute mer, montagnes, terre et ciel, / Tu les parcours régulièrement, tous les jours
>
> [...]
>
> Au travers de lointaines contrées inconnues, sur d'innombrables lieues / Tu as poursuivi ta route, ô Šamaš, / Là où tu allais le jour, là tu retournais aussi la nuit.
>
> *Grand hymne à Shamash*, l. 27-43 (trad. Foster, 2005)

Voilà pourquoi Shamash était chargé de protéger tous ceux qui devaient s'aventurer dans la steppe, tous ceux qui se risquaient à affronter la « nature » dangereuse et hostile, domaine des monstres, des parias, des bêtes mais aussi lieu où l'on s'en remettait aux dieux.

10 Cela avait d'ailleurs amené S. D'Onofrio à comparer le couple Enkidu/Gilgamesh au couple Polyphème/Ulysse dans *Le sauvage et son double* (D'Onofrio, 2011), en faisant de l'un le héros civilisateur et de l'autre son équivalent sauvage à civiliser.

Chez les Mésopotamiens du IIe millénaire av. J.-C., la nature est sans cesse recommencée, c'est une nature qu'on ne se représentait pas en tant que telle, mais dont les composantes existaient par contraste entre elles, une nature non essentialisée mais qu'on se représentait par ses nuances.

Thibaud NICOLAS
Docteur de l'EHESS, ANHIMA

LES TRAVAUX ET LES JOURS

Le radical du nom du bœuf dans l'onomastique de la Béotie antique[1]

κραδίην δ'ἔδακ' ἀνδρὸς ἀβούτεω·
δὴ τότε χορτάζειν ἕλικας βόας ἔνδον ἐόντας·
ῥηίδιον γὰρ ἔπος εἰπεῖν· "Βόε δὸς καὶ ἅμαξαν"·
ῥηίδιον δ'ἀπανήνασθαι· "Πάρα ἔργα βόεσσιν".

« (Son cri – celui de la grue, signal pour les semailles)
mord le cœur de l'homme qui n'a pas de bœufs ;
car c'est le moment de nourrir chez soi des bœufs aux cornes recourbées.
Facile de dire : "Donne-moi tes deux bœufs et ton chariot".
Mais facile aussi de répondre : "Mes bœufs ont leur ouvrage" ».
HÉSIODE, *Les travaux et les jours* 451-454 (trad. P. Mazon).

La représentation de la nature, φύσις, comme abstraction n'est pas ancienne dans les sources grecques antiques, où elle remonte surtout au ve siècle av. J.-C. C'est du reste au-delà de cette époque que le suffixe -σις, ici ajouté au radical φῠ- de φύω, au sens actif causatif de « faire pousser[2] », a connu un grand développement pour former des noms abs-

---

1 Nos vifs remerciements à Gérard Genevrois.

2 La forme la plus anciennement répandue du verbe est le médio-passif intransitif Myc. et Hom. φύομαι « pousser ». Il n'est pas sans intérêt que l'abstrait féminin latin *nātura*

traits de genre féminin. Ne sont, en revanche, attestés en mycénien[3] que le participe passif *[pe-]pu₂-te-me-no* « planté » de φύω, et les appellatifs concrets neutre pluriel *pu-ta* (correspondant en grec alphabétique à φυτά « plantes », Hom.+[4]) et féminin *pu-ta-ri-ja* (Hom.+ φυταλιά « plantation – verger ou vigne »). L'abstrait φύσις est presque absent de l'épopée et ne se rencontre abondamment qu'à partir du corpus hippocratique et chez les philosophes de l'époque classique. Cependant le suffixe a pour origine un morphème plus ancien : il s'agit de *-ti-* dont le linguiste Pierre Chantraine[5] apprend qu'il a pu servir à former des noms (plus concrets) d'agents (par exemple *mantis* « devin ») ou d'instruments (ἄρυστις « cuillère »). Et il est vrai que la seule attestation homérique de φύσις[6] désigne, non la nature en soi, mais plus concrètement la nature d'une herbe φάρμακον « remède », c'est-à-dire ce dont elle est faite ou ce qu'elle est en puissance, donc ses vertus, comme ensuite dans le corpus hippocratique, où la référence est souvent à la nature en tant que (déjà) constituée, à la « constitution naturelle » d'éléments organiques[7]. C'est à partir du philosophe présocratique Empédocle, auteur d'une cosmologie connue seulement par des fragments, le Περὶ φύσεως, que paraît amorcée une réflexion de portée philosophique, dans laquelle le concept s'oriente plus abstraitement vers les notions d'origine et de puissance créatrice[8] jusqu'à recouvrir la « créature » qui en est le fruit. Ce cadre posé, quelle idée les habitants d'une région rurale comme

procède d'une autre racine héritée, **gen-h₁* – (*cf.* lat. *(g)nascor* « naître, provenir », participe passé *(g)nātus vs.* gr. γίγνομαι « naître, devenir »), quand son équivalent grec est davantage orienté vers la notion de croissance. Le suffixe de participe futur *-tūrus*, *-tūra*, *tūrum* exprime en soi la notion de « devenir imminent » et invite ainsi à interpréter étymologiquement *nātura* comme « ce qui va naître », d'où « naissance » et le sens actif de « génération » tout aussi ancien (Ernout-Meillet, 1983-1984). Se fait jour ainsi, de l'une à l'autre langue, la différence entre la puissance et la réalisation de la croissance : le terme grec est relativement plus concret.

3 *Cf.* Aura Jorro, 1985-1993, *s. v.*

4 Le signe « + » qui suit le nom de l'auteur ancien indique que c'est chez lui qu'est attestée l'occurrence la plus ancienne du mot.

5 Chantraine, 1979, § 224.

6 *Odyssée* 10, 303.

7 Voir aussi dans ce volume, les contributions de A. Buccheri (p. 27) et de C. Calame (p. 45).

8 *Cf.* fr. 8, 4 (Diels-Kranz ; Bollack 53 [B8]) : φύσις οὐδενός ἔστιν ἁπάντων θνητῶν, οὐδέ τις οὐλομένου θανάτοιο τελευτή, ἀλλὰ μόνον μίξις τε διάλλαξίς τε μιγέντων ἔστι, φύσις δὲ βροτοῖς ὀνομάζεται ἀνθρώποισι, « il n'est de naissance pour aucun, tous mortels, point de fin à la mort funeste, Mélange seulement, échange de mélanges. Naissance est son nom pour les hommes » (trad. Bollack, 1969, p. 24-25). Voir les sept axes majeurs qui

la Béotie antique pouvaient-ils se faire de la nature ? Pour répondre à cette question, il est possible de se fonder sur plusieurs noms propres attestés dans la région. Ils sont en effet porteurs d'un sémantisme qui va au-delà du sens étymologique du radical lexical sur lequel ils sont construits. En essayant de comprendre les raisons qui ont porté au choix d'un nom, il devient alors possible de se rapprocher des Anciens et de la représentation qu'ils se faisaient du monde qu'ils habitaient. Or, l'étude de l'onomastique régionale, particulièrement riche dans cette région, paraît indiquer que la nature n'était pas conçue par les Béotiens comme une entité abstraite, ce que laisserait déduire, *a silentio*, la faible représentation de φύσις, qui est limitée à deux anthroponymes d'époque hellénistique, féminin Φοῦσις ou Φουσ-ίς et masculin Φυσ-έας[9]. Dès lors, la perception de la nature semble s'exprimer plutôt en fonction de ses manifestations concrètes dans la vie quotidienne. Dans le lexique des Grecs, plus particulièrement de cette région, la nature prend alors la forme de plantes et d'animaux – y compris d'insectes – qui matérialisent, au rythme des travaux agricoles, l'écoulement du temps et des saisons, ainsi que de fleuves et de montagnes qui constituent leur environnement. Parmi ces différents types d'éléments naturels illustrés par l'onomastique béotienne, le bœuf jouait un rôle majeur dans plusieurs aspects de la vie quotidienne : de l'agriculture, puisque, comme l'indiquait déjà au VIIe siècle[10] le poète Hésiode à son frère, un homme ἀ-βούτης, « sans bœuf » est perdu faute de pouvoir labourer ses champs, à la vie religieuse, notamment dans la pratique du sacrifice.

Nous donnerons ici à voir la conception que se faisaient de la nature les Béotiens par le biais d'une étude onomastique centrée sur le nom épicène βοῦς du bœuf, en analysant les différentes formes que prend son radical à la fois dans l'anthroponymie, dans le nom du mois Βουκάτιος et dans l'ethnique béotien Βοιωτοί, révélateur par excellence de l'importance capitale de cet animal dans l'écologie de la région.

---

définissent la distribution des sens dans le dictionnaire de *Liddell Scott Jones* (Liddell-Scott-Jones, 1996, *s. v.* φύσις).

9 Les anthroponymes seront mentionnés au nominatif et, sauf indication particulière, ils sont enregistrés dans le volume IIIb du *Lexicon of Greek Personal Names* d'Oxford (abrégé dorénavant : Fraser-Mattews, 2000) ou dans sa *Database Search* [*LGPN*] gratuitement consultable en ligne.

10 Les dates s'intendent toutes avant J.-C., sauf indication ultérieure.

NOMS DE PERSONNES

D'après P. Chantraine[11], le radical *g^uou̯- est attendu en grec ancien sous la forme βου-, devant consonne, et βο(ϝ)-, devant voyelle. Néanmoins, les anthroponymes béotiens présentent normalement le thème βου- dans les deux environnements phonétiques. C'est le cas tant pour les composés, tels que les masculins Βού-θειρος (milieu du IIIe siècle, °θηρ- « chasse »), Βου-κέρας (milieu du IIIe siècle, °κερ- « corne »,) et le féminin Βου-θεινίς (IVe siècle, °θην- « têter[12] »), que pour les noms à base unique, même lorsque le radical est suivi par un suffixe commençant par une voyelle, comme le couple de noms m. Βου-ΐσκος/f. Βου-ΐσκα (IIIe siècle) et m. Βυ-ΐλλε̄ (Ve siècle)[13]. Le même thème se rencontre dans le dérivé Πυ-λιμιάδας (fin du VIe / début du Ve siècle), tiré du substantif βου-λιμία « faim dévorante » (°λιμ- « faim »)[14]. Cet emploi du thème βου- en tout contexte phonétique paraît être en outre confirmé par les génitif et datif pluriels béotiens βουῶν et βούεσσι de la flexion de βοῦς[15]. Seules deux attestations de la fin de l'époque hellénistique, le masculin Πασί-βο-ιος (avec Πασι° « surveiller » ou « acquérir[16] ») et le féminin Βο-ΐδιον, présentent βο(ϝ)- devant voyelle, mais leur datation pourrait suggérer une éventuelle influence de la *koinè*. Ce thème βο(ϝ)ο-, variante secondaire de βου- caractérisée par l'adjonction de la voyelle thématique à la fin du radical, est connu ailleurs à travers le substantif βοό-κλεψ, « voleur de bœufs », dans un fragment de Sophocle[17], et peut-être aussi de βō-κόπια, nom d'un sacrifice à Lindos au Ve siècle[18]. Or, cette même

11 Chantraine, 2009, *s. v.* βοῦς.

12 Cette analyse est préférable à °θοιν- « festin », la notation <EI> pour la diphtongue **oi* étant en principe plus tardive.

13 La notation <Y>, à la place de <OY> attendue, résulte de la monophtongaison de la diphtongue **ou* après occlusive labiale, en l'occurrence */b/*.

14 L'initiale <Π> à la place de <B> est due à une dissimilation régressive de sonorité en contexte sonore saturé.

15 *Cf.* Alonso Déniz, 2012, p. 22.

16 Pour Πασι° « garder », voir de Lamberterie, 2011, *s. v.* ποιμήν. Pour Πασι° « posséder », voir Tribulato, 2015, p. 405.

17 Radt, 1977, fr. 318.

18 Blinkenberg, 1941, nos 583, 585-588 ; *Supplementum Epigraphicum Graecum* 38, 788. Voir pour ces références, Minon, 2021, respectivement p. 65, et, pour la discussion sur les noms béotiens, p. 63-65.

variante paraît attestée en Béotie dans deux anthroponymes : Βό̄ϙας[19], dans une épitaphe de Tanagra de la même période, et Βωθίνας dans une liste d'éphèbes de Copai du IIIe siècle, l'analyse de ces formes n'étant cependant pas aisée. Étant donné qu'à ces époques, ni <O> ni <Ω> ne peuvent s'expliquer comme notations alternatives de <OY> pour noter **ou*[20], les deux noms en question doivent avoir un */o:/* qui ne peut guère s'expliquer que comme procédant de la contraction de */o-o/* dans βο(ϝ)ο-. Βό̄ϙας pourrait alors être analysé comme un anthroponyme tronqué fait à partir de *βω-κόλος, variante attendue mais non attestée de βου-κόλος « bouvier », ce dernier étant à l'origine d'un autre nom tronqué, connu plus tard dans la région : masculin Βού-κ-ων (première moitié du IIIe siècle). Quant à Βω-θίνας, il est alors possible d'y identifier un deuxième membre de composé °θην- « têter[21] », la fermeture de */e:/* en */i:/* noté tantôt <I>, tantôt <EI> étant à cette époque un phénomène courant en Béotie ; l'anthroponyme trouverait ainsi sa contrepartie féminine dans Βου-θεινίς, déjà mentionné. Au contraire, l'hypothèse pour Βωθίνας d'un second membre de composé °θοιν- « festin », qui a été parfois avancée[22], présente des difficultés, puisqu'à cette époque la notation <I> pour **oi* est absente des inscriptions béotiennes. Une autre analyse serait, certes, concevable pour chacun des deux anthroponymes : 1) Βό̄ϙας pourrait être dérivé de βῶξ « bogue » (Arist.+), forme contractée de βόαξ (Archipp. com.+) ; 2) Βωθίνας, quant à lui, pourrait avoir été formé à partir de βοᾱθός (βοηθός en zone ionienne-attique) « défenseur » (Pi.+), contracté en *βωθός et suffixé en -ίνας. Cette voie serait toutefois plus problématique étant donné qu'il n'est pas possible de confirmer, faute d'attestation, que la séquence */-o-ā-/* s'est contractée, comme */-o-ă-/*, en */-ō-/* en béotien ; en revanche, la contraction de */o-o/* en */-ō-/*, attendue dans le cas de la dérivation à partir de βο(ϝ)ο- proposée plus haut pour ces deux anthroponymes, est ancienne dans tous les dialectes.

---

19 Fraser-Matthews, 2000 *s. v.* Βώκας. Nous gardons ici l'accentuation employée par les éditeurs du *LGPN*, mais *a priori* Βō̄κᾶς est également possible (*cf.* Dittenberger, 1892, n° 620). Signalons en outre que la quantité de la voyelle notée par <O> en alphabet local est considérée comme longue par défaut, aucune interprétation n'étant possible à partir d'un radical Βŏκ-.

20 Voir Minon, 2021, p. 67.

21 Pour cette hypothèse, Minon, 2021, p. 64.

22 Vottéro, 1993, p. 376.

Il en résulterait qu'en béotien, outre le thème βου-, couramment employé en tout contexte phonétique, et βοϝ-, devant voyelle à l'époque hellénistique, le radical de βοῦς pouvait également se rencontrer en composition devant consonne sous la forme Βω- procédant de βο(ϝ)ο-. L'introduction de cette variante thématisée serait due à l'analogie avec les autres premiers membres de composés d'origine nominale, qui sont le plus généralement caractérisées par une voyelle finale de timbre -ο- (*e.g.* Ξενο-, Ἀμεινο-).

UN NOM DE MOIS

Βουκάτιος, premier mois de l'année béotienne, est également connu en dehors de la Béotie[23]. Il a été initialement analysé, notamment par P. Chantraine[24], comme le « mois où l'on tue les vaches », °κα- étant interprété comme dérivé du verbe homérique καίνω[25]. Cependant, J. Puhvel[26] a proposé une analyse différente, en rapprochant βουκάτιος du védique *gośatam*, « composé de cent bœufs », les deux formes remontant alors à l'indo-européen **gʷou̯-ḱm̥to-*. En ce cas, le mois Βουκάτιος serait à rapprocher étymologiquement de l'Ἑκατομβαιών d'autres calendriers grecs antiques, entre autres, attique, les deux renvoyant à la pratique religieuse de l'hécatombe, le sacrifice de cent bœufs. Il est en outre intéressant de signaler que le nom du mois s'est aussi infiltré dans l'onomastique anthroponymique de la région, dans les noms masculins Βουκάττει et Βουκατίων, et dans le féminin Βουκατία.

23 Trümpy, 1997, p. 244-246 et index.

24 Trümpy, 1997, p. 244-246 et index.

25 Cette hypothèse et la suivante sont développées par les éditeurs du site d'analyse étymologique et sémantique des anthroponymes grecs antiques, *LGPN-Ling*, par exemple *s. v.* Βουκάτη (https://lgpn-ling.huma-num.fr/Boukatē, consulté le 09/04/2024).

26 Puhvel, 1964, p. 7-10.

L'ETHNIQUE DES BÉOTIENS

Si depuis l'Antiquité l'ethnique Βοιωτός a été mis en relation avec le bœuf[27], son analyse étymologique précise reste à faire. L'association avec βοώτης « bouvier » relève de l'étymologie populaire[28]. Quant à la dérivation de Βοιωτός à partir du nom de la montagne seulement connu en Épire sous le nom Βόιον[29], elle n'est satisfaisante, ni sur le plan de l'histoire migratoire ou culturelle – pourquoi les Béotiens auraient-ils choisi de se nommer d'après un lieu qu'ils ne reconnaissaient pas comme leur terre d'origine, mais tout au plus comme un lieu de passage ? – ni du point de vue morphologique – car c'est le suffixe -ώτης et non -ωτός qui est attendu pour un ethnique issu d'un toponyme[30]. C'est donc la prise en compte à la fois du processus de dérivation de Βοιωτός, et des données phonétiques, qui nous invite à l'interpréter : 1) soit comme un dérivé en -ω-τός, d'un substantif neutre *βόϝιον ; 2) soit comme un dérivé en -τός d'un verbe dénominatif *βοϝιόω, issu du substantif précédent[31]. Ces formes non attestées, chacune dérivée de βοῦς, pourraient être identifiées respectivement comme le « bouclier » et le fait d'« armer », de « munir d'un bouclier » : βοιωτός correspondrait alors, pour le sens, au latin *scūtātus* « muni de bouclier ». Le postulat qui consiste à rapprocher *βόϝιον et *βοϝιόω du champ sémantique du bouclier s'appuie sur l'existence dans le lexique et chez les lexicographes d'autres dérivés du nom du bœuf signifiant « bouclier », par référence métonymique au cuir de l'animal et à l'objet qu'il sert à fabriquer[32]. Le parallèle du nom neutre βοάγριον « bouclier de peau de taureau sauvage »,

27 *Cf.* Étienne de Byzance, *s. v.* Βοιωτία.

28 *Cf.* Chantraine, 2009, *s. v.* Βοιωτός.

29 Schachter, 2016, p. 20.

30 Chantraine, 1979, § 248.

31 Chantraine, 1979, § 243.

32 En ce qui concerne la production de boucliers et notamment le lien avec la Béotie, *cf. Iliade* 7, 219-223 : Αἴας δ' ἐγγύθεν ἦλθε φέρων σάκος ἠΰτε πύργον, | χάλκεον ἑπταβόειον, ὅ οἱ Τυχίος κάμε τεύχων, | σκυτοτόμων ὄχ' ἄριστος, Ὕλῃ ἔνι οἰκία ναίων, | ὅς οἱ ἐποίησεν σάκος αἰόλον ἑπταβόειον | ταύρων ζατρεφέων, ἐπὶ δ' ὄγδοον ἤλασε χαλκόν·, « Ajax alors s'approche, portant son bouclier pareil à une tour, son bouclier de bronze à sept peaux de bœuf, que lui a procuré le labeur de Tychios, l'homme habile entre tous à tailler le cuir, dont la demeure est à Hylé [en Béotie]. Cet écu scintillant, il l'a fait de sept peaux de

dérivé de βόαγρον « taureau sauvage » et attesté dès Homère[33], semble appuyer le processus dérivationnel proposé pour *βόϝιον et *βοϝιόω. Les boucliers échancrés frappés sur les monnaies de la Confédération béotienne pourraient encore corroborer cette hypothèse, en référant de façon imagée à l'ethnique même de la région, comme c'est le cas du symbole de la rose pour Rhodes ou de la vache pour l'Eubée, Εὔ-βο-ια « aux belles vaches »[34].

CONCLUSION

Le radical du bœuf s'est donc implanté dans tout type de nom propre, en se frayant un chemin dans l'onomastique béotienne du fait de son rôle dans la vie quotidienne des habitants. C'est d'après l'animal essentiel à la pratique de l'agriculture, offert aux dieux lors des sacrifices ou au cuir employé dans la production artisanale des boucliers – si l'on admet l'étymologie nouvelle de Βοιωτός que nous venons d'esquisser – que les Béotiens nomment leurs enfants, un de leurs mois et se désignent eux-mêmes en tant que communauté ethnique. La nature, telle qu'elle nous est connue à travers le prisme de l'onomastique, prend ainsi chez eux la forme la plus concrète, celle d'un animal qu'ils côtoient chaque jour.

Matilde Garré et Sophie Minon
EPHE, ANHIMA

taureaux bien nourris, sur lesquelles, il a, en huitième lieu, étalé une plaque de bronze. » (trad. P. Mazon).

33 *Iliade* 12, 22. Pour l'interprétation de cette forme comme « bouclier », voir la mention chez le lexicographe Hésychius (VIe siècle apr. J.-C.) : βοάγρια· ἀσπίδας.

34 *Cf. Etymologicum Magnum s. v.* Εὔβοια : Ὅτι τῇ Ἴσιδι εἰς βοῦν μεταβληθείσῃ ἐκεῖσε πολλὰς βοτάνας ἡ γῆ ἀνεβλάστησεν· ἢ ὅτι εὔβοτός τε καὶ εὐθαλὴς ἡ νῆσος ἐστίν· ἢ ὅτι ἐν αὐτῇ βοῦς γενομένη καλλίστη διέτριψεν ἡ Ἰώ. « [L'Eubée s'appelle ainsi] parce que la terre a fait pousser à cet endroit de nombreux pâturages pour Isis transformée en génisse ; ou parce que l'île est riche en pâturages et à la végétation florissante ; ou encore parce que sur cette île, Iô, qui est la plus belle des génisses, séjourne. ».

L'OLIVIER, L'ARBRE POLITIQUE D'ATHÈNES

Si l'olivier est l'arbre de la déesse Athéna, il est également un symbole politique de la cité d'Athènes. Gravé sur les pièces de monnaies, invoqué dans le serment des éphèbes aux côtés des puissances divines du panthéon de la cité, apposé en épisème sur les boucliers des citoyens-soldats, l'olivier incarne, entre mythe et histoire, l'identité mythique d'Athènes, comme on peut le voir dans ces vers de l'*Œdipe à Colone* de Sophocle :

> Il est un plant dont je ne sache pas qu'un pareil ait surgi jamais [...] un plant indomptable, qui se refait seul, un plant qui est l'effroi des armes ennemies [...], l'olivier au feuillage glauque, le nourricier de nos enfants, l'arbre que personne ni jeune ni vieux ne peut détruire ou saccager[1]

Dans le mythe de fondation d'Athènes, deux divinités sont en rivalité pour enlever le patronage sur la cité attique, Athéna et Poséidon, qui vont produire des signes de leur puissance afin d'être départagés. La déesse fait croître un olivier sur le sol rocailleux de l'Acropole tandis que le dieu tellurique et marin fait sourdre un flot d'eau salée. C'est Athéna qui, grâce cet arbre nourricier, remporte la compétition et devient la déesse tutélaire d'Athènes, la divinité dite Poliade car elle représente et protège la cité (*polis*). Mais cet olivier qui assure la victoire d'Athéna ne se réduit pas à une preuve de la puissance protectrice de la déesse, car il affiche pour les Athéniens des qualités très politiques : la fertilité, la vitalité, l'ancrage, la force indomptable, la résistance et la renaissance. Le voyageur Pausanias (*Description de la Grèce*, I.27.2) témoigne d'ailleurs qu'en 480 avant J.-C., quand les envahisseurs perses incendient l'Acropole, l'olivier d'Athéna repousse en une nuit de manière fulgurante et prodigieuse. Signe d'Athéna, il devient un signe de la cité et le

1 Sophocle, *Œdipe à Colone*, v. 691-705. Trad. P. Mazon (Belles Lettres, 1974).

signe des Athéniens, étroitement associé à l'identité citoyenne comme à l'identité politique.

Il existe, en effet, dès la naissance, une forte solidarité entre l'olivier et le citoyen athénien car il est d'usage, lors de la venue au monde d'un enfant mâle, d'accrocher une couronne d'olivier sur la porte de la maison, tel un signe d'identité masculine à lire au regard des mythes. Or, c'est cette même couronne d'olivier que l'on retrouve dans les représentations de la naissance d'Érichthonios, véhiculé dans les mythes comme le premier autochtone, premier citoyen né de sa terre, ancêtre mythique de toute la lignée des Athéniens, qui, sur les vases attiques, passe des bras de la déesse Gaia (Terre) aux bras très politiques d'Athéna.

Sur un cratère en calice attique à figures rouges (fig. 1), une chouette en vol, placée à côté de la déesse de la Victoire (Nikè), tient une couronne d'olivier aux fruits rehaussés de blanc au-dessus d'Athéna qui reçoit le nouveau-né, le pied posé sur un tronc ramifié d'olivier qui rappelle le surgissement « végétal » d'Érichthonios. Les Athéniens, qui se revendiquent tous frères nés d'une « même mère », dans ce mythe fondateur aux métaphores très botaniques, se pensent comme des rameaux émergeant d'un tronc commun qui partagent la même identité autochtone reçue à leur naissance. L'olivier qui se renouvelle en permanence, associé dans les représentations à cette première naissance mythique qui sera réactualisée en permanence par les naissances masculines dans la cité, apparaît bien comme un arbre étroitement lié à l'identité athénienne, en tension entre identité individuelle et identité collective.

FIG. 1 – Cratère en calice attique à figures rouges
à la manière du Peintre de Kadmos (vers 400 av. J.-C.),
Richmond, Virginia Museum of Fine Arts 8170.

Si la couronne d'olivier, affichée sur la porte de la maison qui articule espace domestique et espace civique, contribue à la publicité sociale en révélant aux regards des concitoyens la naissance d'un enfant mâle, elle tisse aussi des liens entre mythe et histoire en rattachant symboliquement chaque nouveau citoyen à la lignée autochtone des descendants d'Érichthonios.

D'ailleurs, dans un autre mythe mis en scène, cette fois-ci par le tragique Euripide, autour de la figure d'Ion à l'ascendance problématique, c'est une couronne d'olivier qui permet d'attester l'identité athénienne de l'enfant exposé. La mère de Ion, l'autochtone Créuse, violée par le dieu Apollon, a effectivement pris soin de mettre dans la corbeille de son fils nouveau-né des objets-signes qui doivent attester qu'il est issu d'une lignée athénienne. Or, parmi ces objets, elle place une couronne d'olivier confectionnée avec les rameaux du premier olivier qu'Athéna a fait pousser sur la terre civique dans le mythe de fondation. Et c'est, entre autres, cet olivier, qui acte la reconnaissance autochtone d'Ion et permet ainsi son intégration politique dans la cité d'Athènes.

On retrouve également l'olivier dans le serment des éphèbes qui sanctionne la majorité citoyenne des jeunes garçons. Avant d'entrer officiellement en citoyenneté pour devenir acteurs de la démocratie en tant que *politès*, les Athéniens dans la fleur de l'âge doivent, de dix-huit à vingt ans, effectuer leur apprentissage (éphébie) pour être pleinement reconnus citoyens et être inscrits sur les registres de l'Ecclésia, l'Assemblée du peuple. Loin de se réduire à un simple service militaire, l'éphébie est une formation citoyenne et une phase transitionnelle pour les jeunes garçons qui les confronte à la marginalité spatiale avant de les agréger à la communauté, une fois qu'ils auront entraîné leur corps au gymnase, acquis le maniement des armes, arpenté le territoire, reconnu les dieux du panthéon politique, éprouvé leur endurance et acquis les valeurs de la cité. Or, parmi la liste des divinités appelées comme « témoins » (*histores theoi*) dans ce serment des éphèbes athéniens qui s'engagent individuellement et collectivement à défendre leur patrie, on trouve des éléments symboliques du territoire, dont les oliviers qui, d'ailleurs, selon l'historien Plutarque, doivent être considérés comme des « bornes » du territoire athénien (Plutarque, *Alcibiade*, 15, 7–8).

L'olivier, qualifié par Sophocle d'« effroi des armes ennemies », apparaît également de manière récurrente comme motif (épisème) inscrit sur les boucliers sur les vases attiques. Élément central de la panoplie hoplitique, le bouclier est à la fois le rempart défensif du guerrier et une arme offensive qui éblouit et résonne du fracas du bronze. Les motifs qui y sont apposés en épisème, destinés à l'ennemi frontal, redoublent le corps du citoyen soldat et parachèvent son aspect impressionnant tout en proposant une « image » symbolique qui fonctionne comme un « signe » d'identité. Or, l'olivier est étroitement associé dans les sources littéraires à la brillance et à l'éclat éblouissant, notamment quand il retourne sa frondaison au moment du soleil d'été pour afficher une feuille étincelante, d'une blancheur lumineuse aux éclats métalliques qui réfléchit la lumière et miroite au soleil comme un bouclier de bronze. « Céleste couronne et parure d'Athènes la brillante » (Euripide, *Troyennes*, 801-803), l'olivier apposé en épisème renvoie ainsi l'éclat de son porteur et propose à l'adversaire un motif apotropaïque, de protection symbolique, que l'on doit penser en polarité avec le *gorgonéion* pétrifiant qui, usuellement, orne le bouclier de la déesse d'Athènes. D'ailleurs, sur le bouclier d'Athéna comme sur celui du héros Thésée qui défend la terre d'Athènes face aux dangereuses

Amazones, la couronne d'olivier peut entourer la tête de la Gorgone et contribuer ainsi à construire une « face » terrifiante pour les adversaires.

Mais l'olivier en couronne se retrouve aussi sur les boucliers anonymes. Sur une amphore attique à figures rouges représentant une scène de départ de guerrier (fig. 2), un hoplite présente son bouclier orné d'olivier aux fruits clairement dessinés : cet épisème aux accents identitaires évoque la force du guerrier autochtone, enfant d'Athéna, associé à l'arbre indomptable depuis sa naissance tandis que la couronne de feuillage qui entoure une étoile centrale redouble la « brillance » du bouclier et intensifie la puissance éclatante du guerrier.

FIG. 2 – Détail d'une amphore attique à figures rouges attribuée au Peintre de Suessula (vers 400 av. J.-C.), New York, Metropolitan Museum 17.46.1, d'après Gisela Richter, Lindsley F. Hall, *Red-figured Athenian Vases in the Metropolitan Museum of Art*, New Haven/London, 1936, pl. 162.

Enfin, l'olivier d'Athéna est également un parasème de la *polis* car on le retrouve gravé sur les monnaies de la cité, les célèbres tétradrachmes, qui affichent tous les symboles politiques d'Athènes dans une propagande visuelle qui lie mythe et histoire : tête d'Athéna couronnée d'olivier, chouette aux yeux grands ouverts bordée de l'ethnique d'Athènes, rameau d'olivier fruité. Arbre politique (*astê elaia*) qui constitue le type monétaire alors que la monnaie est comme une manifestation de la cité, un objet qui diffuse une image identitaire, l'olivier fait donc partie des signes politiques d'Athènes. D'ailleurs, comme un écho de ce type monétaire, on retrouve la chouette associée à un rameau d'olivier sur d'autres objets symboliques du politique athénien : des jetons de votes estampillés *psêphos dêmosia* (jeton public), des plaques de bronze d'héliastes – les jurés du tribunal populaire –, et des trioboles donnés en indemnités aux juges une fois qu'ils ont siégé au tribunal.

L'olivier rassemble donc toute la polysémie des mythes politiques athéniens : né de la terre, déployant ses racines sur le territoire, il nourrit la cité, borne la patrie face aux envahisseurs, renvoie l'éclat de la cité d'Athéna et se dresse face aux ennemis. Un élément naturel et végétal s'inscrit ainsi pleinement dans l'horizon politique et symbolique de la cité et de ses citoyens, qu'il représente, alimente et protège.

Sonia DARTHOU
Université Paris-Saclay-Évry
val d'Essonne, ANHIMA

CINQUIÈME PARTIE

NATURE ET *MIMESIS*

ROME AU NATUREL ?

Paradoxes poétiques d'Ovide entre nature et… parure

Simplicitas rudis ante fuit ; nunc aurea Roma est
Et domiti magnas possidet orbis opes.
Adspice quae nunc sunt Capitolia, quaeque fuerunt ;
Alterius dices illa fuisse Iouis.
Curia concilio nunc est dignissima tanto ;
De stipula Tatio regna tenente fuit.
Quae nunc sub Phoebo ducibusque Palatia fulgent,
Quid nisi araturis pascua bubus erant ?
Prisca iuuent alios ; ego me nunc denique natum
Gratulor ; haec aetas moribus apta meis,
Non quia nunc terrae lentum subducitur aurum,
Lectaque diuerso litore concha uenit,
Nec quia decrescunt effosso marmore montes,
Nec quia caeruleae mole fugantur aquae,
Sed quia cultus adest, nec nostros mansit in annos
Rusticitas priscis illa superstes auis[1].

« La simplicité autrefois était fruste ; aujourd'hui c'est une Rome d'or qui possède les grandes richesses du globe qu'elle a dompté. Regarde ce qu'est aujourd'hui le Capitole et ce qu'il était ; tu diras que celui du passé appartenait à un autre Jupiter. La Curie, qui est aujourd'hui parfaitement digne d'une assemblée si importante, était faite de chaume sous le règne de Tatius. Le Palatin, qui aujourd'hui resplendit sous l'autorité de Phébus et des généraux, qu'était-ce sinon un pâturage pour des bœufs prêts à labourer ? L'Antiquité peut bien charmer les autres ; moi je me réjouis de n'être né que maintenant ; l'âge où nous vivons est fait pour mon mode de vie, non parce qu'aujourd'hui l'or malléable est soustrait à la terre ni que des perles de choix nous viennent de divers rivages, ni parce que les montagnes rapetissent à cause de l'extraction du marbre, ni parce que les eaux bleues sont mises en fuite par la digue, mais parce que la culture est là, et qu'elle ne s'est pas maintenue jusqu'à nos jours, cette fameuse rusticité que nous avons héritée de nos antiques aïeux. »

1 Ovide, *Art d'aimer*, III, v. 113-128. *N.B.* Pour les citations des textes latins, nous utilisons les éditions publiées aux Belles Lettres et nous proposons nos propres traductions.

C'est par cette digression qu'Ovide retarde le moment d'aborder la matière du livre III de son *Art d'aimer*. Une digression pour le moins surprenante, voire déceptive dans un poème didactique qui donne aux femmes des conseils de séduction et où le premier objet d'instruction doit être la parure (v. 101). Ces vers, perçus comme l'un des passages les plus frappants de l'*Art d'aimer*[2], ont été commentés pour leur dimension métapoétique, manifestée par les échos qu'ils offrent avec d'autres poèmes élégiaques[3]. La posture paradoxale d'Ovide, qui reprend la traditionnelle opposition entre passé et présent pour valoriser ce dernier, a également suscité des analyses visant à évaluer la pensée morale ou politique du poète[4].

Mais il semble tout aussi intéressant de situer cette digression dans le cadre plus large des conceptions romaines de la nature et du rapport que les hommes entretiennent avec elle : en effet, les vers 123-126 offrent le tableau d'une nature domestiquée et exploitée par les contemporains du poète, au service du luxe et du progrès, qui se trouvent ainsi opposés à la *rusticitas* (« rusticité ») reléguée dans un passé sans faste. Or Ovide semble annuler cet éloge des richesses (*opes*) puisées dans la nature, quand, dans les vers 129-132, il revient brutalement au sujet des parures féminines pour déconseiller à ses élèves des ornements trop luxueux qui font pourtant pendant à ceux de la Rome moderne tant vantée[5] :

Vos quoque non caris aures onerate lapillis,
Quos legit in uiridi decolor Indus aqua,
Nec prodite graues insuto uestibus auro.
Per quas nos petitis, saepe fugatis, opes,
Munditiis capimur[6].

« Vous aussi, évitez d'orner vos oreilles de pierres précieuses que l'Indus terni a recueillies dans son eau verte, et de vous montrer alourdies par des habits brodés d'or. Les richesses grâce auxquelles vous cherchez à nous séduire sont souvent cause que vous nous mettez en fuite, c'est par la netteté des tenues que nous sommes charmés. »

2 Dalzell, 1996, p. 155.
3 Gibson, 2003, p. 21-25 ; Mader, 1988.
4 Dalzell, 1996, p. 156 ; Mader, 1988 ; Watson, 1982.
5 On relève une série d'échos entre les deux passages : *caris lapillis* répond à *concha* et *marmore*, *in uiridi aqua* à *caeruleae aquae*, et surtout *auro* et *opes* à *aurea Roma*, *aurum* et *opes* – ces deux derniers placés en fin de vers comme leurs pendants *auro* et *opes* aux vers 131-132. Voir aussi la reprise du verbe *fugare*, v. 126 et 132.
6 Ovide, *Art d'aimer*, III, v. 129-133.

Ovide défend-il une beauté féminine « au naturel », comme d'autres poètes élégiaques[7], ou une Rome moderne qui rejette son ancrage campagnard et traite la nature comme une ressource ? En essayant de comprendre comment ces deux positions peuvent être conciliables, nous expliquerons également comment la digression des vers 113-128 s'intègre dans le livre III de l'*Art d'aimer* sur le plan thématique comme générique et éclairerons les nombreux paradoxes qui frappent à la lecture de ces vers.

RUSTICITAS/*OPES*, PASSÉ/PRÉSENT : UN JEU NOUVEAU SUR DES POLARITÉS TRADITIONNELLES

Le premier paradoxe déployé par Ovide dans ces vers en est un au sens étymologique du terme : contrairement à la plupart des auteurs latins antérieurs ou contemporains, qui associent étroitement à l'identité romaine l'image idéalisée du paysan (ou soldat-paysan) illustrée par les héros des premiers siècles de la République[8], Ovide se réjouit de la disparition de l'antique *rusticitas* – terme qu'il a lui-même forgé, sans doute sur le modèle d'*urbanitas*, et qui apparaît ici pour la troisième fois dans le corpus connu de la littérature latine[9]. Dans les vers qui précèdent immédiatement la digression des v. 113-128, Ovide semble convoquer cet idéal romain du soldat-paysan, qu'il rejette comme appartenant au passé à cause de sa « fruste simplicité » (*simplicitas rudis*), en évoquant les héros épiques Hector et Ajax : il les présente comme les maris de « jeunes filles à l'ancienne » (*ueteres puellae*, v. 107, avec un jeu sur le double sens de l'adjectif *uetus*, « vieux » au sens d'« âgé » ou « d'autrefois ») qui ne se paraient pas parce que leurs époux ne le faisaient pas (v. 108) et n'étaient eux-mêmes que de

7 Tibulle, *Élégies*, I, 6, v. 39-40 ; I, 8, v. 9-12 ; Properce, *Élégies*, I, 2 ; I, 15 ; II, 18b.

8 Par exemple Caton, *De agricultura*, préface, 2-4. Pour une synthèse sur cette question, voir Blandenet, 2016.

9 Ovide l'a déjà utilisé dans les *Amours*, I, 8, v. 44 et dans le premier livre de l'*Art d'aimer*, I, v. 670 : dans les deux cas, comme dans les autres occurrences du terme chez Ovide (*Héroïdes*, 17, v. 188 et 20, v. 61), la *rusticitas* désigne la maladresse de celui ou celle qui manque d'expérience amoureuse, et est implicitement ou explicitement opposée au *pudor*, avec lequel il ne faut pas la confondre malgré leurs apparentes ressemblances.

rudes soldats[10]. Le poète articule ainsi deux lieux communs littéraires et moraux contre lesquels il adopte la même posture paradoxale : la figure du soldat-paysan se trouve en effet opposée au luxe et aux richesses de la Rome moderne, qui sont pourtant habituellement l'objet de critiques acerbes de la part des moralistes romains[11], mais aussi des poètes élégiaques[12]. Il s'agit là d'un *topos* ancien, dont la prétérition des vers 123-126 reprend – pour mieux les désamorcer – les arguments traditionnels reposant sur la mention des matériaux précieux (or, perles, marbre) et des progrès techniques (construction de digue) qui symbolisent de manière récurrente la corruption provoquée par l'afflux de richesses et l'orgueil des hommes qui défient la nature en construisant en bord de mer[13].

Mais cette longue prétérition, mise en valeur par l'anaphore imparfaite de *non quia* (« non parce que », v. 123) en *nec quia* (« ni parce que », v. 125, 126), si elle permet à Ovide de rivaliser avec ses prédécesseurs en offrant une nouvelle version de deux lieux communs éculés, met également en valeur les deux vers qui closent cette digression, et les deux termes qui s'y opposent : *cultus* (« culture » et « parure ») et *rusticitas* – cette dernière se trouvant au cœur d'un nouveau paradoxe, interne celui-là, puisque l'adjectif *superstes* qui la qualifie (« qui reste », « que nous avons héritée », v. 128) semble contredire l'affirmation du vers précédent (*nec nostros mansit in annos*, « et qu'elle ne s'est pas maintenue jusqu'à nos jours »). Faut-il comprendre qu'Ovide, avec cette apparente contradiction, dénonce le caractère fantasmé de l'héritage que représente à son époque l'idéal du soldat-paysan dont la *rusticitas* n'a laissé aucune trace dans le quotidien des Romains ? Ovide semble également répondre à Horace qui, dans l'une de ses *Épîtres*, regrettait que malgré le don des *artes* (« savoir-faire et arts ») fait par la Grèce à Rome, les traces d'une origine rustique soient encore visibles dans la poésie latine :

> [...] *sed in longum tamen aeuum / manserunt hodieque manent uestigia ruris*[14].
>
> « [...] mais pour longtemps cependant se sont maintenues et se maintiennent à présent des traces de ruralité. »

10 L'expression *duri militis*, v. 110, qualifie l'époux d'Andromaque, et les sept peaux de bœufs qui forment le bouclier d'Ajax, v. 112, montrent que la rudesse de ces héros était étroitement liée à leur rusticité.

11 Dalzell, 1996, p. 156 ; Mader, 1988, p. 368.

12 Mader, 1988, p. 368.

13 Mader, 1988, p. 373-374.

14 Horace, *Épîtres* II, 1, v. 159-160.

La réponse d'Ovide à Horace ne concerne-t-elle que les parures féminines et urbaines, ou le poète signifie-t-il ici malicieusement qu'enfin est advenue la poésie latine dépourvue de toute trace de *rusticitas* qu'Horace appelait de ses vœux ?

Cette hypothèse d'un glissement ludique opéré par Ovide qui, tout en reprenant le cadre de deux lieux communs et notamment l'opposition entre passé et présent qui structure une partie de ses vers, les détacherait de leur portée morale pour leur donner une signification esthétique[15], est d'autant plus séduisante qu'Ovide reprend également un autre motif littéraire, traité avant lui par Virgile, Tibulle et Properce[16] : la comparaison entre ce qu'était Rome à l'époque d'Énée (c'est-à-dire la Pallantée d'Évandre) et l'opulence de la ville actuelle, symbole de sa grandeur. Cette nouvelle référence intertextuelle est elle aussi l'objet d'un jeu de la part d'Ovide : alors que ses prédécesseurs superposaient les deux villes, Rome du passé et Rome du présent cohabitant dans leurs vers et s'identifiant l'une à l'autre[17], Ovide les oppose terme à terme, lieu à lieu, pour mieux rejeter l'image surgie du passé. Ce rejet s'associe à un jeu avec la référence au mythe de l'âge d'or, présent dans la formule *Tatio regna tenente* (« sous le règne de Tatius ») qui imite Properce[18], mais aussi dans l'affirmation (v. 121-122) que le poète se réjouit d'être né à l'époque présente. En effet, en affirmant préférer l'*aetas* (« époque, âge ») actuelle à l'époque de Tatius, Ovide prend l'exact contre-pied des vers dans lesquels, au VIIe siècle avant notre ère, le poète grec Hésiode, après avoir déroulé la chronologie qui mène de l'âge d'or à l'âge de fer, regrettait d'être né au milieu des hommes de fer[19]. Dans ce jeu intertextuel, Ovide assimile l'époque de Tatius à un âge d'or revisité et rejeté au profit d'un présent qui n'a rien d'un âge de fer. Car, tandis que ses prédécesseurs, et Properce notamment, opposaient les deux Rome sur le seul plan de la grandeur[20], c'est l'adjectif *aurea* (« d'or ») qui vient chez Ovide qualifier la Rome de son temps (v. 113) : le véritable âge d'or, dit-il, est aujourd'hui, et non dans un passé rustique[21].

---

15 Mader, 1988.

16 Virgile, *Énéide*, VIII, v. 98-100, 313, 337-350, 359-361 ; Tibulle, *Élégies*, II, 5, v. 23-38 ; Properce, *Élégies*, IV, 1 (voir aussi IV, 4, v. 1-14 ; IV, 9, v. 3-6). Voir Gibson, 2003, p. 134-140 ; Mader, 1988, p. 368-372.

17 Gibson, 2003, p. 135.

18 Properce, *Élégies*, II, 32, v. 52 (*Saturno regna tenente*). Gibson, 2003, p. 138.

19 Hésiode, *Des Travaux et des jours*, v. 174-175. Gibson, 2003, p. 140.

20 Mader, 1988, p. 372. Voir notamment Properce, *Élégies*, IV, 1, v. 1 : *maxima Roma*.

21 Ovide décrit l'âge d'or comme *rusticus* dans ses *Héroïdes*, IV, v. 132 (*rustica Saturno regna tenente*).

CULTUS : LA FEMME ENTRE *NATURA* ET *ARS*

La référence à l'âge d'or remet la nature au cœur de nos interrogations sur ces vers : pendant l'âge d'or, la nature produisait spontanément, rendant inutile l'agriculture ; de ce point de vue, l'âge de Tatius est un âge d'or dégradé, puisqu'il est frappé par la *rusticitas* romaine, implicitement associée aux travaux des champs. Mais quel est le rapport de l'homme à la nature dans l'âge d'or « nouvelle formule » qu'Ovide propose de préférer à l'ancien ?

Le terme qui permet de répondre à cette question est également celui qui résoudra l'apparente contradiction entre la défense d'une Rome luxueuse et l'interdiction adressée aux femmes de se parer luxueusement. Mis en valeur par la brièveté de la formule *sed quia cultus adest* (« mais parce que la culture est là », v. 127) qui contraste avec la longueur des subordonnées supportant la prétérition (v. 123-126), le nom *cultus* constitue par sa polysémie le pivot même qui articule les différentes étapes de la digression des vers 101-128 et l'intègre dans le développement du propos didactique annoncé par Ovide : désignant d'abord l'objet du premier ensemble de conseils énoncés dans le livre III, la parure, *cultus* est immédiatement investi d'un sens très différent, qui semble déclencher l'ensemble de la digression en mobilisant la thématique de la *rusticitas* qui appelle en réponse la description glorieuse de l'*urbs* (« la ville », c'est-à-dire « Rome »). En effet, deux occurrences du participe *cultus* (« cultivé ») viennent relayer la mention du *cultus*-parure :

Ordior a cultu. Cultis bene Liber ab uuis
Prouenit, et culto stat seges alta solo[22].

« Je commence par la manière dont on cultive son apparence. Cultivés, les raisins donnent du bon vin, et la moisson se dresse haute sur un sol cultivé. »

Du sens de parure on passe donc à un autre sens du verbe *colo* et de la racine *cult-*, la « culture » de la terre (qui justifie l'identification à l'idéal du soldat paysan des figures héroïques évoquées immédiatement après).

22 Ovide, *Art d'aimer*, III, v. 101-102.

Si bien que lorsque le terme *cultus* réapparaît au vers 127, sa polysémie a été activée ; ses différents sens peuvent donc s'y superposer[23] : la parure, bien sûr, sens qui permet de préparer le retour au sujet initial dès le vers 129, mais aussi la culture du sol (qui viendrait étonnamment s'opposer à la *rusticitas*) et, sans doute, un dernier sens qu'Ovide n'a pas encore exploité mais qui est régulièrement associé, métaphoriquement, au sens agricole, l'éducation (au sens de formation intellectuelle)[24]. Comme Virgile dans les *Géorgiques*, Ovide se pose en effet en éducateur, mais ses consignes concernent le *cultus*-parure, et non le *cultus*-agriculture, et s'inscrivent dans le cadre plus large du *cultus*-culture – notons d'ailleurs qu'après la parure, Ovide traitera des compétences artistiques que doit posséder une femme pour séduire[25].

Et c'est encore un jeu intertextuel qui permet de confirmer cette hypothèse d'une implication artistique de *cultus* chez Ovide : en effet, le poète répond également dans ces vers à la seconde élégie de Properce, où le poète dénonce le goût de sa belle pour les parures luxueuses et coûteuses. Si le refus des parures est topique dans la poésie élégiaque, associé à la jalousie du poète amoureux mais désargenté[26], de nombreux échos unissent les vers d'Ovide et l'élégie de Properce[27]. Or non seulement ce dernier joue de la polysémie de *cultus* et convoque des héroïnes mythologiques comme exemples de l'absence de parure, mais il met surtout l'art au centre de ses vers, d'abord par de discrètes notations qui permettent d'identifier ses descriptions comme autant d'*ekphraseis*, puis en opposant au *cultus*-parure rejeté le *cultus*-culture de la femme aimée, c'est-à-dire ses qualités artistiques. Tout comme Properce défend l'art parce qu'il embellit la femme aimée[28], Ovide adopte une définition artistique du *cultus* qui n'est pas incompatible avec son refus des parures luxueuses : de même que l'agriculture permet à l'homme d'éduquer la nature pour qu'elle lui soit utile mais aussi de l'empêcher de subir une dégénérescence naturelle[29], de même le *cultus* permet à une femme de

23 Mader, 1988, p. 374-375, étudie ces glissements de sens en s'appuyant sur les procédés de *ring-composition* mis en œuvre dans le passage.
24 Blandenet, 2007.
25 Julhe, 2004, p. 306, y voit un argument pour identifier ces vers comme un art poétique (voir aussi p. 335).
26 Gibson, 2003, p. 22-25 et les références citées.
27 Voir Curran, 1975 pour une analyse détaillée de cette élégie.
28 Curran, 1975.
29 Blandenet, 2007.

donner une forme plaisante à l'apparence que la nature lui a offerte et d'empêcher un beau visage de s'enlaidir[30].

Loin de s'opposer à ses prédécesseurs qui condamnent la richesse de la parure, Ovide reprend leur position, mais la vide de ses implications morales pour l'inscrire dans un cadre plus ample, celui du rapport à la nature induit par le terme *cultus* : en effet l'agriculture n'est pas, pour les Romains, une exploitation de la nature au service du luxe (v. 123-126), mais un *labor* (« effort ») au service d'un adoucissement de la nature qui, devenue moins sauvage, produit des fruits doux au goût et utiles aux hommes, mais aussi prospère grâce à eux ; dans le même esprit, Ovide défend une conception de la parure qui ne fait pas appel au luxe de matériaux coûteux et importés, mais qui distingue la femme de ces héroïnes épiques et rustiques que l'absence d'apprêt rend non désirables. C'est pourquoi il n'articule pas son refus de parures luxueuses à une dénonciation moralisatrice de la *luxuria* (« luxe »). De ce point de vue, il se distingue de Properce qui clôt son élégie sur ce terme[31], synonyme de péril pour l'amant désargenté, et qui vante la *pudicitia* (« pudeur ») de ses héroïnes mythologiques pour mieux inciter sa maîtresse à lui être fidèle. Ovide éducateur instruit des *puellae* dans l'art de la séduction, non de la fidélité, et c'est aussi en cela qu'il rejette la *rusticitas*, terme qu'il utilise ailleurs pour railler la maladresse de celles et ceux qui n'ont aucune expérience en amour. Ce passage de l'*Art d'aimer* est en effet le seul où Ovide emploie *rusticitas* dans son sens étymologique, en l'opposant à l'*urbs* et donc à l'*urbanitas*, dans une polarité géographique que sous-tend implicitement celle qui oppose traditionnellement, déjà aux IIIe-IIe siècles av. J.-C., dans les comédies de Plaute par exemple, les habitants de la ville qui participent aux plaisirs de l'amour et du banquet et le *rusticus* qui en est systématiquement exclu. Si épopée et rusticité sont associées par Ovide dans le même rejet, c'est donc qu'elles représentent l'antithèse de l'habileté et de l'expérience amoureuse du poète élégiaque et de ses élèves[32]. Ovide tisse ainsi différentes polarités autour de glissements de sens, le *cultus*-parure appelant le *cultus*-agriculture, qui lui-même appelle

30 Voir les v. 105-106 : même une beauté digne de Vénus a besoin de soin pour ne pas disparaître.

31 Properce, *Élégies*, I, 2, v. 32.

32 Dans les *Héroïdes*, I, v. 77, c'est Pénélope qui se décrit comme une *rustica coniunx* ne sachant que filer la laine (v. 78), en opposition à l'amante exotique (*peregrino amore*, v. 76) qu'elle attribue à Ulysse.

l'image du soldat-paysan et de la *rusticitas*, qui entraîne la description de l'*urbs*. Des polarités qu'il articule d'une manière inédite pour en offrir une version inédite par rapport à ses prédécesseurs, poètes épiques, élégiaques, ou encore moralistes.

L'étude des multiples jeux intertextuels à l'œuvre dans ces vers permet donc de les resituer dans le contexte d'énonciation de l'*Art d'aimer*, poème didactique enseignant l'art de la séduction, mais aussi dans le cadre anthropologique des représentations romaines de la nature et des rapports que les hommes entretiennent avec elle. Ainsi Ovide n'oppose-t-il pas frontalement nature et *cultus* (culture ou parure), ni ne défend la *luxuria* ou les *opes* contre la *rusticitas* ; mais il oppose une nature non modelée par les hommes à une nature embellie par le *cultus*, qu'il s'agisse de l'agriculture, de la parure ou de la culture, et donc de l'*ars*. Sur cette analyse anthropologique peut s'appuyer en retour une notation philologique concernant la traduction de l'expression *simplicitas rudis* : l'adjectif *rudis*, qui décrit ce qui se présente à l'état brut et n'a pas été travaillé par le *cultus*, n'est pas, comme le traduisent plusieurs auteurs d'éditions savantes, l'épithète de *simplicitas*, qui serait alors assimilée à la *rusticitas* et rejetée avec elle ; il est plutôt son attribut. En effet, la *simplicitas* n'est pas refusée en tant que telle par Ovide, qui oppose implicitement la *simplicitas* qui était *rudis* autrefois, à celle que permet le *cultus* dans la Rome dorée de son temps. Ovide ne rejette la nature et la *simplicitas* que si l'*ars* et le *cultus* ne les ont pas modelées pour permettre l'élégance[33]. Il rejoint en cela Quintilien[34], pour qui, en matière d'agriculture comme d'éloquence, l'*ars* le plus élevé l'emporte toujours sur la *materia* qu'est la nature, ou encore Cicéron[35], qui, quand il compare la beauté des femmes sans apprêt au style simple, remarque que dans l'un et l'autre cas on œuvre pour obtenir *elegantia* et *munditia* (« distinction et netteté ») sans que cela soit visible. Les jeux intertextuels nombreux dans les vers d'Ovide incitent à leur attribuer la même valeur métapoétique, la référence à Hésiode et à Virgile s'accordant d'autant mieux qu'ils constituent les modèles du genre didactique dans lequel Ovide s'illustre avec malice.

33 On relève chez Horace, *Odes*, I, 5, v. 5, pour décrire une jeune fille, l'expression *simplex munditiis* : la *simplicitas* n'est donc pas incompatible avec certains apprêts.

34 Quintilien, *Institution oratoire*, II, 19, 2.

35 Cicéron, *L'Orateur*, 78-79.

Dès lors, il est tentant de voir dans ces digressions sur le *cultus* et la nature une *ars poetica* déguisée, appliquant le principe qu'Ovide énonce lui-même quelques vers plus bas : *ars faciem dissimulata iuuat*, « un art que l'on cache est au service de la beauté[36] ».

Marion FAURE
Université Paris I Panthéon-Sorbonne,
ANHIMA

36 Ovide, *Art d'aimer*, III, v. 210.

LA NATURE COMME FACTEUR DE PERMANENCE ARTISTIQUE

Le cas de la revue *Cahiers d'art*

Au début des années 1930, des artistes qui ont associé leur œuvre à une esthétique machiniste redirigent leur intérêt des grands centres urbains vers les traditions locales, en particulier méditerranéennes. Peu à peu, l'écart se creuse entre un Nord considéré comme « trop industrialisé » et un Sud méditerranéen, érigé comme un espace plus libre, habité par des peuples qui se sont gardés intacts et plus proches de la nature. Entre-temps, la géographie de l'art prend un essor incontestable – le congrès international d'histoire de l'art de 1933 fut consacré à la *Kunstgeographie* – favorisant la perception que chaque territoire géographique avait ses propres caractéristiques culturelles[1]. Progressivement, l'idée émerge que la géologie et le climat – appréciés pour leur caractère immuable, solide et permanent – ont engendré pour chaque région, les mêmes spécificités formelles, culturelles, et même morales.

C'est dans ce contexte intellectuel qu'à partir de 1933 la revue *Cahiers d'art* (1926-1960) se réoriente vers une appropriation esthétisante de la nature, après presque une décennie pendant laquelle Christian Zervos, l'éditeur de la revue, et ses collaborateurs, Le Corbusier et Sigfried Giedion, l'ont transformée en instrument de l'esthétique rationaliste du purisme et du fonctionnalisme en matière d'architecture. En 1933, à l'occasion du IVe Congrès international d'architecture moderne, Zervos parcourt, en compagnie entre autres de Léger, Le Corbusier et Giedion, les îles cycladiques et la région de l'Attique. En présentant dans les *Cahiers d'art* les résultats de cette expédition – des artefacts du néolithique, de l'âge du bronze, de la Grèce archaïque et classique –, l'éditeur

1 Kaufmann, 2004.

n'analyse pas les spécificités formelles des artefacts, mais celles de la nature attico-égéenne :

> Il me semble, en effet, que la clé de l'histoire de l'art grec, c'est la question du spectacle naturel, autrement dit, le principal facteur de l'art grec, c'est le paysage. Ni les coutumes, ni les mœurs, ni la religion, ni les lois n'ont joué un rôle aussi déterminant que le paysage dans la formation de l'esprit grec[2].

Cette approche esthétisante de la nature n'est pas un simple hasard. Dans la période où Zervos parcourt la Grèce « de haut en bas et de gauche à droite » – comme il l'explique dans une lettre à Paul Klee juste après son retour à Paris –, l'instrumentalisation politique de la nature comptait déjà plus de trois décennies dans l'historiographie de l'art du pays. En Grèce, dans les années 1930, les particularités géo-climatiques ont de plus en plus été mises en avant comme points de référence pour la détermination des « constantes » de l'art grec sur la longue durée, de l'Antiquité jusqu'à l'époque moderne. Le corollaire de cette nationalisation de la nature a été la réapparition des théories de Periklis Yannopoulos, un esthéticien idiosyncrasique du début du XXe siècle, qui propageait dans ses écrits la conviction que l'art grec était l'extension de la nature attico-égéenne ; cette dernière se définissant par les lignes claires et les contours bien précis, tels que représentés dans tous ses composants. Les mêmes traits sauraient, croyait-il, être à l'origine de tout élément de la culture et la nature grecque : du massif de l'Hymette jusqu'à l'architecture du Parthénon. Au-delà encore, il estimait que la nature grecque s'opposait radicalement aux formes du paysage nordique, considérées comme lourdes, et qu'il présumait se trouver à l'origine d'une production artistique « barbare[3] ».

Bien que rétrogrades, ces prises de position resurgissent dans les revues d'art grecques de l'entre-deux-guerres, dont *To trito mati* (1935-1937), éditée par l'architecte Dimitris Pikionis et le peintre Nikos Hadjikyriakos-Ghika, un ami de Zervos qui participe à la documentation rassemblée pour *L'Art en Grèce* de 1934 et qui a construit sa propre revue en suivant les prédilections post-cubistes des *Cahiers d'art*. Hadjikyriakos-Ghika affirme que toute expression plastique a eu des fondements géoclimatiques, de sorte que, dans sa revue, les théories de Yannopoulos voisinent

2 Zervos, 1933.
3 Leontis, 1995, p. 117-119.

avec celles d'Hippolyte Taine concernant l'emprise du milieu naturel sur la formation des caractères artistiques nationaux.

Dans sa « Topographie sentimentale[4] », Pikionis, ajoute encore une dimension phénoménologique au binôme nature/culture ; ce serait à travers l'expérience vécue de la nature, en particulier de la morphologie du sol, que les spécificités formelles du paysage se transforment en particularités de la production artistique. En s'emparant notamment d'une description du milieu naturel de l'Attique, Pikionis élabore ainsi une analogie entre les contours des massifs montagneux de l'Attique et les productions à la fois antiques et vernaculaires de la région. Pour l'architecte, le hiatus temporel entre l'antique et le moderne s'efface à travers le subterfuge du paysage ; ainsi, le simple dessin d'une ligne ondulée, tel qu'elle s'illustre dans un cliché de son article, incarne à la fois le rythme dorique de l'architecture classique et les contours des objets d'art populaire, comme les ornements géométriques trouvés sur les costumes traditionnels grecs. La nature devient ainsi la constante, immuable et solide, qui assure la survie des caractères artistiques nationaux à travers les siècles. En d'autres termes, le paysage naturel offrait le sens d'un temps stratifié qui permettrait la solidification de ce qui est évanescent dans l'histoire des formes. D'ailleurs, comme il est bien documenté, Pikionis, dans ses propres projets architecturaux, tel son Centre delphique de 1930, se montrait assurément engagé dans la création de structures qui, en suivant la morphologie du sol, engendraient le sentiment d'un temps profond[5].

En 1933, pendant son expédition en Grèce, Zervos s'est familiarisé avec les positionnements théoriques d'artistes, de folkloristes, d'architectes. Dans les archives des *Cahiers d'art* est conservé un manuscrit de la même année d'Angeliki Hadjimichali. Cette folkloriste voyait une réelle continuité des motifs et des structures ornementales entre l'Antiquité et la production artistique vernaculaire, arguant en faveur de la répétition instinctive des formes sur la longue durée, qui ne dépendait pas de la volonté de l'individu mais des lois « biogénétiques » et des lois du milieu naturel qui, à ses yeux, ont régulé la vie du peuple à travers les siècles[6]. Ainsi, toute œuvre circonscrite par une ligne claire, géométrique, « pure »

4 Pikionis, 1935, p. 48.
5 Pallasmaa, 2009, p. 16-41.
6 Hadjimichali, 1933.

se reportait implicitement aux éléments de la nature ; les formes des artefacts parfois se schématisent, selon Hadjimichali, cependant elles ne perdent jamais le lien avec le monde extérieur et la nature grecque.

Ainsi, dans le numéro de la revue consacré à l'art grec de 1933, la nature et l'esthétique se croisent et se transforment en instrument qui assurait l'unité organique de l'art grec. Pour Zervos, la connivence du milieu naturel et de l'homme a favorisé l'assimilation de chacun des peuples qui s'installent en Grèce au fil des millénaires ; sous l'action de la nature, chaque migration a été absorbée par la « grande culture grecque ». Cet argument assimilationniste était une thèse fondamentale de l'historiographie nationale grecque depuis la fin du XIXe siècle, très « efficace » pour défendre la continuité nationale dans un territoire géographique longtemps fragmenté et habité par des peuples différents : des Francs, des Ottomans, des Byzantins. Zervos a transféré l'argument assimilationniste dans le champ de la Grèce antique : si la nature de Delphes a conforté l'unité spirituelle dans la Grèce classique, le paysage de Mycènes a forcé l'unité dans les temps protohistoriques. La nature se transforme ainsi en instrument assimilationniste des différents peuples qui ont traversé le territoire grec. Pour Zervos, les « Sémites », les « Doriens », les « Ioniens » ont pu, après leur métissage, créer des œuvres « mesurées », à la seule condition qu'ils aient subi l'action de la nature grecque.

Au-delà encore, Zervos prête à l'environnement attico-égéen une autre dimension qui rappelle les positionnements théoriques de Pikionis ; c'est-à-dire la nécessité d'accéder à la nature grecque de manière multisensorielle. Il précise donc que la « haute teneur plastique » de la forme grecque ne peut être saisie par l'observateur que si ce dernier se situe dans le milieu naturel de la Grèce. Hors de ce milieu, l'individu peut raisonner et comprendre la forme à travers une expérience académique. Ainsi formulé, son argument suggérait que l'observateur *in situ* est en premier lieu instruit par le paysage, afin de pouvoir saisir les propriétés de l'art grec.

Pour Zervos, la nature attico-égéenne n'était pas simplement un objet de contemplation : au contraire, la compréhension de celle-ci – et par conséquent de l'art grec – ne peut être accomplie à travers une expérience muséale, mais seulement à travers une relation réciproque et expérimentale entre l'individu et l'environnement naturel. Il parachève ainsi un virage sensoriel « anti-occidental », atténuant la prétendue supériorité de la vue dans l'étude de l'artefact grec, telle que construite par l'historiographie occidentale du XIXe siècle. En revanche, il privilégie une approche multisensorielle, qui était traditionnellement attachée à la compréhension des artefacts extra-occidentaux[7]. Conformément à la symbolique sensorielle occidentale, la vue constituait le plus élevé des sens et le plus étroitement associé à la rationalité de l'homme « civilisé ». Les autres sens étaient conçus comme « inférieurs » et donc associés aux peuples « primitifs » ; en d'autres termes, Zervos a conféré à l'art grec un certain caractère d'« indigénéité ». Ce livre, écrit-il, « peut servir d'invitation au voyage en Grèce, seul moyen de mieux pénétrer la vie des Grecs et l'histoire de leur art, autrement dit les secrets de notre propre vie[8] ».

Dans le même temps, en faisant référence à la notion de la « méditerranéité » qui est dans l'air du temps et qui, en fait, se fonde sur la doctrine d'une unité géoclimatique qui touche à toute la région de la Méditerranée[9], les collaborateurs de la revue de Zervos transforment les œuvres grecques en variations esthétiques de la lumière et des contours du paysage attico-égéen. En effet, dans les années suivant le IVe CIAM, l'obstination machiniste s'atténue, laissant le pas aux formes plus organiques et favorisant, de cette manière, l'ouverture vers des architectures qui s'enracinent, selon la rhétorique du temps, dans leur milieu naturel. Bien que Giedion, – secrétaire général des CIAM et responsable de la rubrique sur l'architecture moderne dans les *Cahiers d'art* – avait coloré la revue de son penchant machiniste et positiviste, dans son article de 1934, il se montre attentif à deux autres aspects de l'architecture classique : le rapport entre nature et culture et l'« indigénéité » de la forme grecque. Ainsi, la clarté plastique et les rapports entre les composants architecturaux sont équivalents à ceux des éléments naturels. En Grèce, écrit Giedion : « les plaines ne sont pas trop vastes, les montagnes trop hautes, les vallées trop étroites [...], les distances trop grandes[10] ». En outre, sans éviter un certain « déterminisme géoclimatique », Giedion faisait appel aux œuvres antiques, enracinées dans le paysage du Sud et qui deviennent incompréhensibles quand elles sont transposées au Nord. Il renoue ainsi, inconsciemment, à travers le subterfuge du concept de

7 Classen et Howes, 2006, p. 199-222.
8 Zervos, 1933.
9 Lejeune, Sabatino, 2010.
10 Giedion, 1934, p. 77.

« méditerranéité », au récit fixiste et essentialiste de la nature, tel qu'il avait été construit par les milieux intellectuels grecs des années 1930.

En 1934, Zervos transforma le numéro des *Cahiers* sur l'art grec en un livre, enrichi d'illustrations et accompagné de textes supplémentaires, dont celui du critique Maurice Raynal avec qui, après le congrès, l'éditeur avait effectué la suite de ses expéditions en Grèce, visitant notamment les îles de Skyros, de Skiathos, de Skopelos, et le Péloponnèse. Raynal, en évoquant les travaux – célèbres à l'époque – du mathématicien Matila Ghyka et les doctrines des pythagoriciens, formule alors l'idée que la géométrie fondée sur le triangle équilatéral sous-tend autant les formes de la nature que celles de l'art grec. Ainsi faisant, Raynal affirme que le paysage grec s'est greffé sur la géométrie, et celui de l'Occident, de la France en particulier, sur l'impressionnisme[11]. Peu à peu, la causalité géoclimatique est mise une fois de plus en avant, déterminant la production artistique et imposant une limite conceptuelle entre le Nord et le Sud.

Ainsi, dans les années 1930, l'art grec dans les *Cahiers d'art* a été constamment corrélé à la nature attico-égéenne : si cette alliance suggérait que les formes de la géomorphologie prêtaient leurs qualités aux œuvres humaines, Zervos accordait d'autant plus d'importance à la perception, certes illusoire, que l'environnement naturel demeurait immuable et fixe dans le temps. En effet, si Zervos se montrait toujours attentif aux changements de l'art et à l'évolution de la forme, de la Préhistoire jusqu'à l'art de la Grèce classique, il estimait en même temps que chaque époque perpétue la mémoire matérielle des époques précédentes. Il a ainsi transformé la nature grecque en facteur statique qui assurerait la transmission génétique de l'essence de l'art grec à travers les siècles.

Eleni Stavroulaki
Docteure de l'EHESS, ANHIMA
Post-doctoral Research Associate,
Seeger Center for Hellenic Studies,
Princeton

11 Raynal, 1934.

LES ESPACES FLEURIS DE LA CÉRAMIQUE ATTIQUE, DU *KOSMOS* À LA *KHARIS*

Pour les peintres de la céramique attique, la représentation des éléments de la nature n'est jamais une fin en soi ; bien au contraire, elle est tributaire de la narration visuelle toujours centrée sur l'homme et sur ses interactions avec ses congénères et les dieux. Dans une telle vision anthropocentrique, le milieu naturel et ses éléments ne peuvent être appréciés que par rapport à la présence humaine ou divine. Cela est notamment vrai pour les fleurs qui sont très abondantes sur les vases attiques du VIe et Ve siècles av. J.-C., mais qui ont peu de choses à voir avec leurs modèles d'origine : ainsi le narcisse, le crocus, la violette, la rose, le pavot et le lotus, fleurs qui émaillent les vers des poètes grecs, sont absents des vases. En effet, les fleurs de la céramique attique sont abstraites, stylisées et souvent disproportionnées par rapport aux figures. Car ce qui importe n'est pas leur nature botanique, mais les valeurs qu'on leur attribue, valeurs liées surtout aux notions grecques de *kosmos* (ordre/ornement), de *poikilia* (bigarrure) et de *kharis* (grâce) dans toutes leurs déclinaisons esthétiques et éthiques.

D'un point de vue historiographique, l'aspect fortement stylisé des fleurs les a longtemps cantonnées dans la catégorie de l'« ornementation/décoration », créée par une tradition académique occidentale du XVIIIe pour des raisons stylistiques, taxinomiques et chronologiques ; ce sont des termes qui n'ont pas d'équivalent exact en grec ancien. Relégués ainsi à la périphérie de la figuration et négligés parce que considérés comme de l'ordre du détail, secondaires, accessoires, dépourvus de signification et même d'intentionnalité, les motifs floraux ont souvent été envisagés en opposition à l'« image » figurée, toujours au centre et porteuse de sens ; les deux registres de l'ornement/décoration et de l'image/figuration ont ainsi été traités comme deux entités monolithiques et stéréotypées, la première étant jugée comme inférieure à la seconde[1]. Le caractère fictif de la catégorie « ornement/décoration » est d'autant plus manifeste lorsqu'on réalise que, sur les vases attiques, les deux logiques, « ornementale » et « figurative », interagissent de nombreuses manières. Et puis, finalement, sur le vase, tout est ornement, y compris les éléments plus ou moins mimétiques, puisque tout vise au plaisir esthétique du spectateur. Toutefois et faute de mieux, j'utilise les termes « décor » ou « ornementation » afin de désigner des motifs qui sont stylisés et souvent à une autre échelle que les éléments principaux de l'image.

La présence des motifs floraux sur les vases attiques – ce que les archéologues appellent « fleurs de lotus », « palmettes », « rosaces » – n'a alors rien de gratuit. En effet, depuis les zones périphériques du vase où ils sont souvent relégués (embouchure, col, épaule, espace des anses, pied, frises encadrant les scènes principales), ils participent activement à l'intelligibilité de son architecture, en assurant la partition et l'articulation ordonnée des divers champs de représentation, la symétrie et l'harmonie. En regardant attentivement un vase, nous remarquons que les motifs floraux suivent une logique interne à celle qu'on pourrait définir comme une « économie vasculaire », c'est-à-dire une logique qui s'appuie sur les rapports des différentes parties du vase entre elles et sur le rapport que celles-ci entretiennent avec le tout. Le rôle des motifs floraux sous les anses, par exemple, n'est autre que de lier les deux côtés dans un ensemble tout en garantissant leur autonomie en tant que surfaces destinées à recevoir une image figurative. S'ils n'imposent pas d'eux-mêmes un ordre, une symétrie, une harmonie, au moins ils les renforcent visuellement ; ils font appel aussi bien à la vue qu'à l'intellect. Le décor floral renferme ainsi les deux versants du *kosmos*, parure et arrangement, si important pour la sensibilité grecque, par le fait qu'il procure au vase une beauté visuelle, fonctionnelle et convenable. Autrement dit, la force de l'ornementation florale repose exactement sur sa capacité à souligner les articulations du vase tout en assurant son attrait physique. Épaulée par la brillance du « vernis noir », par l'usage des couleurs (notamment des rehauts de blanc et de rouge-pourpre)

1 Sur le sujet, voir Dietrich et Squire, 2018.

et parfois celui des dorures, l'ornementation florale octroie au vase un aspect à la fois brillant et vivant qui fait oublier le travail du potier et du peintre ; toutes les contraintes et les résistances imposées par la matière s'effacent devant l'harmonie de la forme, l'élégance du décor et l'éclat coloré de la surface.

Il a été récemment suggéré que les éléments naturels de la céramique attique figurée (notamment les arbres, les rochers et la mer) ne désignent pas un espace naturel, extérieur à l'*oikos*, mais qu'ils opèrent en tant que prolongements corporels des figures humaines ou divines[2]. En ce sens, il n'y aurait pas d'écart entre la figure et son espace environnant ; le second fait partie de la première. Le seul espace qui existe est celui du vase lui-même. J'aimerais ici nuancer et compléter cette thèse. En effet, il est vrai que la fleur, mimétique ou stylisée, opère souvent comme prolongement du corps humain ou divin : elle dit sa beauté juvénile, son éclat et son pouvoir de séduction, autrement dit cette grâce physique incarnée par la *Kharis* est nommée *Aglaïè* par le poète Hésiode au VIIe siècle av. J.-C. Toutefois, il me semble que les motifs floraux peuvent évoquer aussi un espace extérieur, surtout lorsqu'ils sont en interaction ou habités par des figures animalières ou humaines, phénomène que l'on rencontre dès le VIIe siècle avant J.-C. Cette coexistence a pour effet l'animation du décor qui acquiert ainsi un caractère plus végétal, même si son identité botanique reste imprécise. Il s'agit d'une sorte d'astuce grâce à laquelle les peintres arrivent à créer avec un minimum d'éléments l'impression que leurs scènes se déroulent au sein de la nature.

Avant d'examiner trois cas où les motifs floraux sont investis des propriétés à la fois ornementales et figuratives, voire sémantiques, notons que ceux-ci comportent également les feuillages et les rinceaux entourant les fleurs ; en effet, sur les vases attiques, les motifs floraux et les motifs végétaux forment souvent un tout indivisible. Par ailleurs, le réalisme botanique n'étant pas une préoccupation des peintres attiques, il est souvent impossible de faire la distinction entre une forme florale et une quelconque forme végétale, tellement le graphisme peut être stylisé et abstrait.

2 Dietrich, 2010.

Un des plus beaux exemples de coexistence entre figures et décor floral se trouve sur un skyphos (vase à boire) attribué au Peintre de Pénélope (440-430 av. J.-C.), représentant une scène très mouvementée (fig. 1) : un satyre, les bras tendus, pousse une balançoire avec une telle force que les pieds de la jeune fille pénètrent dans la composition florale qui sert de cadre à l'image. Mais le mouvement qui caractérise l'interaction entre les deux registres, narratif et décoratif, est double : car ce n'est pas seulement la fille qui s'insère dans le décor ; les rinceaux fleuris du cadre se glissent aussi dans le champ narratif. Nous avons l'impression que la scène se déroule en plein air, au sein de la nature hantée par des satyres et des nymphes. Or, les correspondances picturales ne s'arrêtent pas ici. Le nom de la jeune fille inscrit au-dessus du satyre, tantôt lu comme *Antheia* (Fleurie) tantôt comme *Euantheia* (Bien Fleurie), joue avec l'image de la fleur en tant que signe de sa jeunesse en pleine éclosion (*anthos hèbès*).

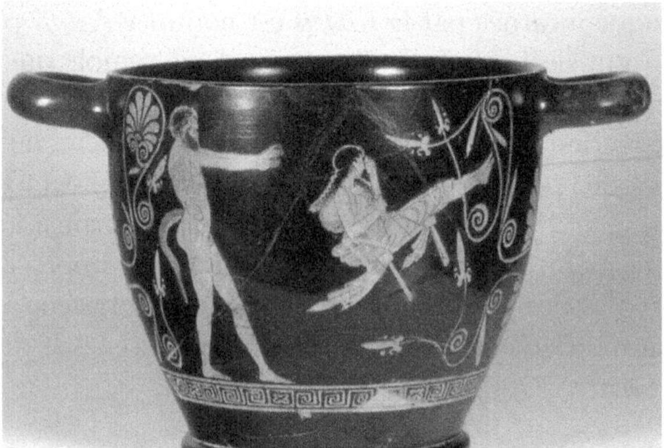

FIG. 1 – Skyphos attique à figures rouges attribué au Peintre de Pénélope (440-430 av. J.-C.), Staatliche Museen zu Berlin, Antikensammlung / CC BY-SA 4.0.

Le décor floral se trouve investi d'une fonction « topographique » aussi sur un autre vase attique, une péliké (vase destiné à contenir de l'huile ou du vin) attribuée au Peintre de Geras (480-470 av. J.-C.), représentant Zeus en train de poursuivre la nymphe Égine, personnification de l'île homonyme (fig. 2). Le sujet de la poursuite et du rapt amoureux envahit la céramique attique autour du deuxième quart du ve siècle av. J.-C. selon un schéma plus ou moins répétitif : un dieu, un héros ou un jeune homme armé tente de saisir une jeune fille qui, effrayée, s'enfuit tout en tournant la tête dans sa direction. Souvent, la jeune fille poursuivie ou l'une de ses compagnes/sœurs tient ou lâche une fleur ; celle-ci signale une des activités préférées des *nymphai* (jeunes filles avant le mariage), la cueillette des fleurs dans une prairie. En effet, dans la poésie grecque, les prairies fleuries servent souvent de toile de fond pour la poursuite et le rapt des *parthenoi* (vierges) par des hommes ou des dieux[3]. Plusieurs poètes racontent que, lorsque le printemps arrive, les jeunes filles s'éloignent de l'*oikos* et de la protection que celui-ci leur procure pour aller chercher de l'eau et cueillir des fleurs : l'exemple le plus connu est celui de Perséphone dont le rapt a lieu dans la prairie fleurie de Nysa désignée comme un lieu de désir (*himerton leimôna*) où les fleurs exhalent l'*erôs* (*Hymne homérique à Déméter*, 5-21). C'est précisément à ce *topos* littéraire que le décor floral sur notre péliké fait écho. En effet, les deux figures sont encadrées de nombreuses palmettes qui fonctionnent comme une abréviation de la prairie fleurie des sources littéraires. La jeune fille se dirige vers la droite mais tourne la tête pour regarder son agresseur. Signe de sa *kharis* juvénile, la palmette tenue par la nymphe et figurée à hauteur des yeux, attire toute l'attention du spectateur sur ce face-à-face plein de sens, car pour les Grecs le désir naît du regard de l'être convoité. De même, sur un lécythe (vase à huile parfumée) d'Hermonax (fig. 3), (470-460 av. J.-C), on voit Zeus qui, dans une posture d'attaque, s'apprête à lancer son foudre. En réalité, il est en train de poursuivre la jeune fille qui, miniaturisée, se trouve prise dans les volutes fleuries ornant l'épaule : par le changement d'échelle et par sa place dans un espace secondaire, la fille devient « ornement » tandis que les « ornements », à savoir les volutes fleuries, par la présence de la fille, deviennent éléments figuratifs suggérant la prairie fleurie. Notons aussi que ce n'est aucunement un hasard si le foudre de Zeus a la forme d'une double « fleur de lotus » identique à celles de l'épaule. Condensé de feu et de lumière éclatante, signe du pouvoir inaltérable du dieu, il est décrit par Eschyle (*Prométhée Enchaîné*, 7) comme *anthos pyros* (*anthos* de feu), le mot *anthos* ayant le double sens de « fleur » et d'« éclat ».

3 Sur les prairies, voir Calame, 1996, p. 173-178.

Fig. 2 – Péliké attique à figures rouges attribuée au Peintre de Geras (480-470 av. J.-C.), Christie's, New York, juin 2001, 101, n. 175.

Fig. 3 – Lécythe attique à figures rouges attribué à Hermonax (470-460 av. J.-C.), Bibliothèque Nationale de France.

L'analyse de ces trois exemples montre ainsi que les motifs floraux sont certes du décor mais que ce décor est fort dynamique et signifiant. Leur force réside précisément dans leur polyvalence et adaptabilité : ils peuvent être des agents figuratifs et/ou des signes polysémiques qui animent et dynamisent l'ensemble de la représentation. Mais même lorsqu'ils figurent isolés, indépendamment de toute présence humaine ou divine et pour cela dépourvus de valeurs sémantiques, ils ne perdent rien de leur importance puisque leur seule fonction esthétique suffit pour rehausser la valeur sociale du vase : ce dernier dépasse son aspect utilitaire et devient lui-même objet de plaisir visuel.

Nikolina KÉI
Docteure de l'EHESS, ANHIMA

LA NATURE EN JEU

La nature est omniprésente dans les activités ludiques des enfants grecs et romains. Les auteurs anciens évoquent régulièrement les ressources qu'elle offre en décrivant des jeux spontanés avec des cailloux, du sable, de l'eau et toutes sortes d'éléments issus de l'environnement (noix, osselets…). Un des plus anciens témoignages se trouve dans l'*Iliade* (XV, 361-366), où la destruction de la muraille des Achéens par Apollon est comparée au jeu d'un enfant qui s'amuse sur la plage à construire des maisons de sable qu'il fait s'écrouler d'un coup de pied ou du revers de main. Dans un poème de l'époque hellénistique attribué à Antipater de Thessalonique (ou Platon) (Ier siècle av. J.-C.), des garçons se plaisent à lancer des pierres sur un noyer au bord du chemin, « planté pour être le jouet (*paignion*) des enfants qui passent et rivalisent d'adresse », dont les rameaux sont brisés par les pluies de cailloux (*Anthologie Palatine*, IX, 3, trad. G. Soury). À l'époque romaine, Minucius Felix (début IIIe siècle apr. J.-C.) évoque le plaisir qu'il prend à observer avec son ami Octavius les jeux d'une bande de garçons animés qui jouent aux ricochets avec des galets ou tessons polis ramassés sur le rivage de la mer à Ostie (*Dialogue philosophique*, *Octavius*, 3).

Tout objet, naturel ou non, comme la tige de roseau que chevauche un garçon dans un poème d'Horace (*Satires*, II, 3, 247-254), peut ainsi potentiellement se transformer en jouet dans les mains d'un enfant, ce qui rend son identification archéologique malaisée, voire impossible en l'absence de modifications ou de contexte spécifiques[1]. Claudia Lambrugo a montré la polysémie des galets ou sphères en pierre provenant de tombes et sanctuaires de Grèce continentale, Grande Grèce et Sicile dès l'époque proto-géométrique, longtemps traités comme des objets insignifiants. Des ensembles pourraient représenter des accessoires de jeu, comme les cinq cailloux sphériques de la tombe à inhumation

1 Crawford, 2009.

(enchytrisme) d'un jeune enfant de la nécropole grecque de Fusco à Syracuse (VIe siècle av. J.-C.)[2]. Ont-ils remplacé des osselets comme le suggère le nom du jeu *Pentelitha*, « les cinq pierres », décrit dans le dictionnaire de Pollux (*Onomasticon*, IX, 126) : « Quant aux cinq-pierres (*pentelitha*) : on jette cinq petites pierres, cailloux ou osselets, de façon que, après avoir retourné la main, on reçoive ce qui a été lancé en l'air sur le dos de la main. Si tout n'y était pas posé, le reste de ce qui se trouve posé à proximité, doit être enlevé avec les doigts[3] ». Ou s'agit-il d'une collection enfantine de *naturalia* séduisants ? Les plus grands se plaisent aussi à ramasser de jolis coquillages et cailloux, comme le rapporte Valère Maxime au sujet de deux amis, Scipion et Lætus, sur les rivages de Gaëte et de Laurente[4].

Nous n'aborderons pas ici le rôle des animaux, comme les oiseaux (coqs, cailles, passereaux…), les insectes (cigales, sauterelles…) ou les chiens, souvent qualifiés de « compagnon de jeu » (*conlusor*) ou de « jouet » (*athurma*)[5], pour nous concentrer sur quelques exemples littéraires et iconographiques relatifs à des bricolages d'enfants avec des matériaux modestes.

DES JOUETS ÉCOLOGIQUES

À côté d'objets manufacturés par des artisans, comme le chariot (*hamax*) que l'Athénien Strepsiade achète pour son fils dans les *Nuées* (vv. 863-864), une comédie d'Aristophane, ou les petits outils pour exercer les compétences enfantines sur lesquels se penche le philosophe Platon (*Lois*, I, 643 bcd), attentif à leur valeur éducative, plusieurs

2 Orsi, 1895, p. 127 (T. 179) : "*scheletro di fanciullo di pochi anni*" ; Lambrugo, 2022, p. 132, fig. 6. Voir aussi *ibid.*, p. 132, fig. 7, l'enchytrisme d'un nouveau-né de la nécropole de Pestavecchia (T. RO 1628) à Himère avec sept pierres blanches sphériques dans une petite coupe (Ve s. av. J.-C.).

3 Pour la traduction italienne : Costanza, 2019, p. 153-154 ; la traduction française est due à la courtoisie de M. Casevitz.

4 Valère Maxime, *Faits et dits mémorables*, VIII, 8. Voir aussi Gury, 2008 sur la récolte de coquillage sur la plage de Boulogne, Suétone, *Caligula*, 46 ; Dion Cassius LIX, 1-3 ; Aurélius Victor, *Livre des Césars*, III, 11-12.

5 *Cf.* Juvénal, *Satires*, IX, 60-61 ; Vespa, 2019a ; Vespa, 2019b, p. 34-35.

auteurs anciens signalent l'habileté des enfants capables de produire eux-mêmes des jouets à partir de matériaux organiques : bois, paille, chiffon, cire, cuir, fruits… Encore dans les *Nuées* d'Aristophane (vv. 878-884), Strepsiade vante l'adresse de son fils, « encore tout mioche, pas plus haut que cela », qui « modelait chez nous des maisons, sculptait des bateaux, construisait de petits chariots de cuir, et, avec l'écorce de grenades, faisait des grenouilles à merveille. » De manière similaire, deux textes attribués à Lucien de Samosate, auteur du IIe siècle apr. J.-C., décrivent le goût des enfants pour le modelage en argile ou en cire, donnant « successivement à la même masse mille diverses figures » (Alcy*on*, 4)[6]. Dans les *Pastorales* de Longus (I, 10, 1-3), un auteur grec du IIe ou IIIe siècle apr. J.-C., deux jeunes gens, Daphnis et Chloé, construisent des objets plus élaborés avec des végétaux ; Chloé réalise des cages à sauterelles avec des tiges d'asphodèle, tandis que Daphnis fabrique des pipeaux de roseaux collés avec de la cire.

Si ces objets périssables ne se sont d'ordinaire pas conservés, quelques représentations figurées y font allusion. Sur un fragment de *chous* (petit vase à boire) attique à figures rouges attribué au Peintre d'Érétrie (fig. 1 ; vers 425-420 av. J.-C.), un jeune garçon nu au corps potelé, debout de profil, la tête coiffée d'une couronne de feuilles de lierre mêlées de fleurs, bardé d'amulettes qui caractérisent sa catégorie d'âge (bracelet, cordon en bandoulière avec des lunules), brandit de ses deux mains levées un bâton sur lequel est fixé un croisillon formé de deux tiges arrondies pour en faire une sorte de moulinet[7] qui ressemble aussi à une double hache. Loin de reproduire l'objet tel que l'enfant devait se l'imaginer, le peintre a pris soin de rendre le détail des attaches des différents éléments. L'activité de l'enfant est incertaine, mais la couronne de lierre évoque la fête dionysiaque des Anthestéries où les plus jeunes se livraient à toutes sortes de jeux, ici en agitant une crécelle ou en brandissant une arme sacrificielle factice, peut-être en mimant le sacrifice d'un animal, comme le met en scène une anecdote du lexicographe Pollux.

6 Voir aussi *Le Songe*, 2.
7 Attia, 2022.

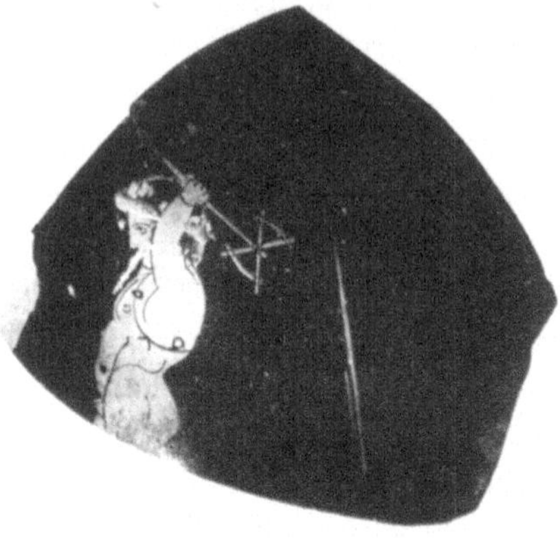

FIG. 1 – Fragment d'un chous attique à figures rouges attribué au Peintre d'Érétrie (vers 425-420 av. J.-C.), Athènes, Musée du Céramique 1967, copyright A. Lezzi-Hafter.

SACRIFIER DES POMMES

Pollux, auteur au IIe siècle apr. J.-C. d'un recueil de mots (*Onomasticon*) décrit un exemple de bricolage enfantin qui témoigne de la dimension ludique de l'apprentissage de rites ainsi que de l'agentivité dont sont capables les enfants face à une situation critique.

Le récit se trouve dans le premier livre de son dictionnaire et explique l'épisode fondateur, l'étiologie sans doute fictive d'un rite en l'honneur d'Héraclès en Béotie où l'intervention spontanée des enfants aurait empêché une fête locale de mal tourner[8]. La crue du fleuve Asopos ne permettait pas au bélier destiné au sacrifice d'atteindre le sanctuaire. Des enfants, dont ni le nombre, ni le genre n'est précisé, observant l'anxiété grandissante de la communauté car « le moment de sacrifier pressait », inventent une solution « tout en jouant » (παίζοντες) le rituel. Sous le regard des adultes qui rapportent la scène, mais sans intervenir, ils fabriquent un simulacre de l'animal réel au moyen d'une pomme :

8 Dasen, 2020.

> Les enfants autour du sanctuaire accomplirent le rite de la cérémonie tout en jouant : ils prirent une pomme mûre et placèrent au-dessous de ce fruit quatre brindilles, et ils en ajoutèrent deux au-dessus – c'étaient les cornes[9].

Les enfants procèdent alors au sacrifice de l'animal de substitution : « selon les poètes, ils dirent qu'ils offraient le sacrifice de la pomme comme s'il s'agissait d'un animal à corne (πρόβατον) ». Le récit contient un jeu de mots basé sur l'usage poétique de μῆλον, la « pomme », pour désigner aussi une bête à corne, mouton ou bœuf, un double sens que l'on retrouve chez des dramaturges du IIe siècle av. J.-C.[10]. Le sacrifice de la pomme aurait tant plu au dieu que le rite se serait perpétué. L'activité ludico-rituelle des enfants permet la réussite de la fête et modifie l'épiclèse divine d'Héraclès qui devient dès lors Μήλων (« Pommard ») :

> On dit qu'Héraclès se réjouit du sacrifice et jusqu'à présent ce rite de la cérémonie subsiste, et chez les Béotiens Héraclès est appelé Μήλων (« Pommard ») et il a reçu ce nom à cause de cette façon de sacrifier[11].

POUPÉES DE PAILLE

L'essai du philosophe byzantin Michel Psellos (1018 – *ca.* 1078) « Sur la question pourquoi, parmi les hommes, les uns deviennent sensés (φρόνιμοι), les autres insensés (μωροί)[12] » décrit un autre exemple de bricolage d'un enfant nommé Eudokimos. Son comportement insolite est défini par sa manière de jouer[13]. Psellos donne une liste détaillée de ses goûts qui diffèrent profondément de ceux de ses camarades. Le garçon, atteint de macrocéphalie, a des préférences de fille. Il craint les activités collectives physiquement astreignantes, comme les jeux de ballon, potentiellement violents, voire les tournois de toupies-sabot, activées par un fouet, et tous les jeux qui se pratiquent dans un but

9 La traduction est due à la courtoisie de M. Casevitz.

10 *Cf.* Straton, *Phoenicides*, fr. 1, 1-47 K.-A. = cité au IIe siècle apr. J.-C. par Athénée, *Deipnosophistes*, 9, 382e.

11 La traduction française est due à la courtoisie de M. Casevitz.

12 *Philosophica minora*, II, 19, p. 93. 9-26, éd. D. O'Meara, Leipzig, 1989.

13 Dasen et O'Meara, 2022.

compétitif, avec parfois des paris pour de l'argent, source de conflits, comme dans les jeux de dés ou de plateau. Ses préférences vont à « ce qui se rapporte au gynécée ».

Eudokimos est décrit utilisant des matériaux végétaux pour fabriquer un couple de figurines, *eidola*, féminine et masculine, en bourrant le ventre de la femme pour mimer une grossesse, puis un accouchement[14]. La description de ce jeu de faire-semblant fait référence aux poupées grecques, romaines et byzantines en terre cuite, os ou ivoire qui représentent des femmes au corps adulte et sexué[15]. Plusieurs poupées d'Égypte romaine, en lin bourrées de feuilles de papyrus, proviennent de tombes d'enfants qui s'échelonnent du Ier au IVe siècles apr. J.-C. Sur un exemplaire provenant d'une tombe de Hawara[16], deux brins de laine rouge se croisent sur sa poitrine en mettant en valeur ses seins gonflés. Chez Psellos, le couple bricolé procrée et la femme devient mère, en permettant à Eudokimos de rejouer l'événement fondateur de sa propre naissance.

CONCLUSION

Les informations fragmentaires glanées au fil des textes témoignent de l'intérêt des adultes pour des occupations en apparence libres qui sont observées attentivement. La description de ces objets sans valeur matérielle montre la fluidité des rapports entre jeu, jouet et rite, ainsi que l'efficacité symbolique parfois remarquable de la créativité des plus jeunes à partir d'élément naturels. Le goût du jeu exprime aussi la continuité de l'être humain dans le cycle de la vie. De nombreux auteurs, grecs et latins, soulignent que le contraste entre la simplicité des activités enfantines et la sophistication de celles des adultes n'est qu'apparent, comme l'explique Sénèque (*De la constance du sage*, XII, 2) :

> Dirons-nous que ce qui distingue l'homme de l'enfant, c'est que l'avidité des enfants a pour objet des osselets, des noix ou de menues pièces de monnaie,

14 Sur l'emploi de matériaux végétaux dans le Haut Atlas marocain, voir Rossie, 2019, p. 115-117 ; Rossie, 2022.

15 Dasen, 2024, p. 40-41, 46-47.

16 Dasen, 2011, p. 56, fig. 2.

tandis qu'il faut aux hommes de l'or, de l'argent et des villes ; que les enfants ont leurs magistratures à eux et contrefont la prétexte, les faisceaux et le tribunal, tandis qu'au Champ-de-Mars, au Forum, à la Curie les hommes jouent pour de bon aux mêmes jeux ; que les enfants, en entassant du sable au bord de la mer, construisent des simulacres de maisons, tandis que les hommes, gonflés de l'importance de leur œuvre, amoncellent gravement pierre sur pierre, édifient des murs et des toits, et de ce qui devrait les abriter font une perpétuelle menace pour leur vie ? Enfants ou hommes faits, les illusions sont les mêmes ; il n'y a que leur objet et leur importance qui changent[17].

Véronique DASEN
Université de Fribourg, ANHIMA
ERC AdG Locus Ludi #741520

17 Sénèque, *De la constance du sage*, XII, 2 (trad. Waltz, 1959, p. 51).

UN BERGER DANS LA MONTAGNE

La place de la nature dans les peintures romaines de paysage

Les tableaux de paysages ont fleuri dans l'art domestique romain pendant presque deux cents ans, entre le milieu du Iᵉʳ siècle av. J.-C. et le début du IIᵉ siècle ap. J.-C.[1] La région du Vésuve, dont l'éruption de 79 ap. J.-C. a remarquablement conservé ces décors peints, a révélé un nombre important de ces paysages, qui permet de les mettre en série pour en comprendre les principes, mais aussi les variations, et d'en apprécier, au-delà de l'engouement pour cette mode esthétique, un véritable discours en images sur la manière dont les Romains percevaient les relations entre la nature, les humains et les dieux. L'approche d'anthropologie historique par les images proposée ici ne s'intéresse pas tant à la question de savoir si les Romains connaissaient le genre du « paysage », ce que l'histoire de l'art a longtemps nié, ni à une perspective d'histoire des religions aujourd'hui révolue qui a tenté de dégager la vision romantique d'une nature romaine peuplée de divinités de type animiste, mais à la manière dont les imagiers construisent un discours révélateur de la culture dans laquelle ils évoluent[2].

Pour en comprendre quelques enjeux, observons un petit tableau peint à fresque (fig. 1), découvert au XVIIIᵉ siècle sur une paroi d'une maison d'Herculanum et aujourd'hui conservé au Musée Archéologique de Naples (inv. 9508). Bordé par un cadre noir, il mesure 73 × 58 cm et date du milieu du Iᵉʳ siècle ap. J.-C. Le paysage est encadré par des éléments naturels : au fond se dressent deux montagnes escarpées, l'une

---

1 Pour un aperçu de ce corpus et de la définition qu'on peut apporter au terme de « paysage » : Croisille, 2010.

2 Sur le débat historiographique qui a longtemps placé « l'invention du paysage » à l'époque moderne, Valette, Wyler, 2017. Sur la dénonciation de la perspective romantique relative à la présence divine dans la nature : Scheid, 1993. Sur l'anthropologie des images : Lissarrague *et al.* 2013.

brune, à gauche, l'autre blanche, plus haut, à droite, qui ménage un effet d'éloignement et de profondeur atmosphérique. Au premier plan s'écoule une rivière, qui adoucit la rudesse des plans rocheux.

FIG. 1 – Tableau représentant un sanctuaire des confins dans un paysage montagneux : Pâris sur l'Ida (milieu du Ier siècle ap. J.-C.), concession du Ministero della cultura – Museo Archeologico Nazionale, Naples.

Au centre de l'image se dresse un arbre majestueux, qui est littéralement imbriqué dans la porte de pierre d'un petit sanctuaire. Représentée en perspective, celle-ci est formée de deux piliers surmontés d'une corniche sur laquelle sont posés deux vases métalliques, et fermée à la base par un parapet : comme plusieurs détails de l'image, il s'agit d'un élément plus symbolique que réaliste. Le tronc de l'arbre passe à travers les piliers de la porte, ses deux grandes branches se déploient de part et d'autre de cet espace liminaire, à la fois à l'intérieur et à l'extérieur du sanctuaire, et une fine guirlande relie l'angle supérieur de la construction à la branche de gauche autour de laquelle elle s'enroule : ils sont attachés l'un à l'autre, par la force de la nature – l'arbre dont les racines sont à l'extérieur a poussé en s'imposant dans le sanctuaire – dont les humains reconnaissent la légitimité (ils n'ont pas coupé l'arbre, ils l'ont décoré).

Derrière la porte, le sanctuaire est constitué d'un petit enclos circulaire ajouré, sans doute de bois, d'où émerge un bosquet. Ici, la nature est délimitée par la construction : ce *lucus* (bois sacré) appartient à la divinité et ne se confond pas avec la nature extérieure de la montagne. La divinité en question est représentée sur un piédestal, sous la forme d'une statue brun-rouge d'une déesse, la jambe droite avancée, vêtue d'une longue tunique, portant une couronne en croissant de lune et tenant une torche dans chaque main, ce qui l'identifie comme une Diane-Hécate, « porteuse de lumière » (*phôsphoros*) et « gardienne des portes » (*propulaia*). Enfin, un dernier élément anthropique apparaît en bas à droite : il s'agit d'un banc de pierre (ou d'une table à offrandes ?), contre lequel sont appuyées deux lances, comme contre le mur de l'enclos : ce sanctuaire de montagne, consacré à Diane, est fréquenté par des chasseurs.

Mais ils ne sont plus là. Ils ont laissé la place à un berger gardant son troupeau : un bœuf roux, une chèvre brune et un mouton blanc s'abreuvent à la rivière, sous la garde d'un chien ; un autre bœuf est couché, à côté d'un mouton, qui investissent l'espace de la montagne, à droite, où l'on distingue, au loin, une silhouette anthropomorphe, allongée elle aussi, le buste relevé sur un coude, une jambe repliée.

Au cœur de tout le dispositif se tient un personnage assis sur un rocher, de face, entre les différents plans. À la porte du sanctuaire – il se tient juste devant la souche de « l'arbre-passeur », à mi-chemin entre la rivière et la montagne –, il apparaît comme le berger gardien du troupeau. Coiffé d'un bonnet phrygien, vêtu d'une longue tunique blanche, un bâton dans la main droite, il ne ressemble pas aux bergers traditionnels de la série (vêtus d'une tunique courte brune, l'exomide, coiffés d'un chapeau de soleil à larges bords, le pétase, tenant un bâton recourbé, le *pedum*). Son couvre-chef oriente son identification vers la Troade : il doit s'agir de Pâris Alexandre qui garde ses troupeaux sur l'Ida, lié à la silhouette allongée au pied de la montagne, devant un sanctuaire d'Artémis-Diane – avant le jugement de Pâris, avant la guerre de Troie.

La « scène de genre » anonyme, si caractéristique de la peinture romaine de cette époque, figurant un berger gardant son troupeau près d'un sanctuaire rustique, devient donc, par de menus détails qui ne se révèlent qu'au terme d'une observation attentive, une scène mythologique. Pour autant, elle n'est en rien narrative, comme on peut le voir sur des images contemporaines, par exemple sur une fresque de Pompéi[3] où, dans un décor analogue (avec un fond rocheux, les bêtes au bord de la rivière, Pâris au pied d'un arbre et d'une colonne), Mercure présente au prince-berger les trois déesses qui lui font face : dans ce cas, le paysage sert avant tout de cadre à l'intrigue.

Dans notre tableau, il bénéficie d'un autre statut, même si la narration mythique est susceptible d'être « embrayée » par l'imaginaire du spectateur, qui reconnaît le costume du Troyen et, sans doute mieux que nous, l'identité de la silhouette sous la montagne, que l'état de conservation du tableau ne rend malheureusement pas très lisible. Selon toute vraisemblance, il s'agit d'une personnification d'un élément naturel, selon un procédé d'imagerie qui permet de caractériser un espace précis, de la même manière que le bonnet de Pâris le distingue des autres bergers. Les monts sont généralement des hommes âgés dont la grosse tête hirsute apparaît derrière les hauteurs, ce qui n'est pas le cas ici. La position semi-allongée évoque davantage celle de la personnification d'un cours d'eau, incarné par un vieil homme barbu, comme les monts, mais allongé au bord de l'eau, torse nu, éventuellement avec une urne d'où s'écoule de l'eau, ce qui ne correspond pas non plus à notre fresque. Dans la mesure où le corps semble entièrement drapé, on pourrait aussi penser à un personnage féminin, peut-être Œnone, la nymphe fille du fleuve Cébren dont elle emprunterait la posture, que Pâris a rencontrée dans la montagne et épousée, avant de la délaisser pour Hélène, bien qu'elle lui ait prophétisé sa fin tragique. Cette histoire était à la mode à l'époque de notre fresque : Ovide en a fait le sujet d'un de ses poèmes, et on trouve des images contemporaines où le couple se rencontre et grave la trace de leur amour sur le tronc d'un arbre, destiné à grandir et en pérenniser le souvenir[4].

Mais sur notre tableau, si cette identification est exacte, elle n'est qu'esquissée, à peine évoquée : le sujet principal de la scène, au point de

---

3 Naples, MANN, inv. 8990. *LIMC*, vol. VII, s.v. « Paridis iudicium » (Weiss), 1994, n° 72.

4 Ovide, *Héroïde*, 5. *LIMC*, vol. VII, s.v. « Oinone » (Kahil), 1994, n° 1-2.

convergence de la composition, ce sont le berger, l'arbre et le sanctuaire – celui d'une déesse vierge qui protège l'harmonie entre les forces en présence (avant que l'amour ne vienne y apporter le chaos et la guerre). Les forces en question, ce sont la nature sauvage, représentée par les montagnes et l'univers forestier de la chasse (les piques, Diane) ; la nature domestiquée, incarnée par cet improbable troupeau qui figure un échantillon des animaux consommables par les hommes et les dieux (comme victimes sacrificielles habituelles) ; la nature négociée, enfin, entre les hommes et les dieux, par une délimitation de l'espace, faite de portes et d'enclos, en-deçà et au-delà desquels les uns et les autres ont des droits et des devoirs : devoir de piété pour les hommes, devoir de protection pour les dieux, droit de vivre en paix dans cet environnement dont on sait que, sans ces précautions rituelles, il est susceptible de devenir hostile.

Une nature sauvage ainsi sous contrôle, cohabitant avec une nature domestiquée grâce à la collaboration divine, est un décor parfait pour ouvrir sur un imaginaire où les rencontres entre mondes sont possibles : les mythes y ont puisé une riche matière où la moindre transgression rompt l'équilibre harmonieux représenté dans notre tableau – au détriment des humains, le plus souvent, comme ce sera la cas de Pâris. La nature en soi n'intéresse pas les imagiers : ce sont les carrefours, ces espaces de négociations avec les dieux qui contiennent animaux et végétaux à leur place, qu'ils déclinent avec toutes leurs variations.

Les statues de culte les plus représentées sont d'ailleurs souvent des déesses porte-torche, comme sur notre fresque, dont l'identité précise est en réalité ambiguë : dans le mythe de Pâris, il n'est pas fait mention d'un sanctuaire en particulier, et l'image joue sur l'hésitation entre Diane et Hécate, parfois assimilées dans la poésie et les arts visuels, ou dans certains cultes, comme dans le sanctuaire d'Aricie, près du lac de Nemi, où elle est vénérée sous la triple forme de Diane, Hécate et Luna[5]. L'autre catégorie de statues divines, plus fréquentes encore, est celle d'un pilier hermaïque représentant un dieu des carrefours, assez peu déterminé lui aussi : muni d'un phallus et d'une tête barbue,

5 Par exemple Catulle, dans son *Poème* 34, l'appelle tour à tour Diane, Latonienne, Junon Lucina, Trivia (comme Hécate), Luna. La triple statue du sanctuaire d'Aricie est représentée sur le revers d'une monnaie de P. Accoleius Lariscolus, datant de 43 a.C. (*RRC* 486/1 : http://numismatics.org/crro/id/rrc-486.1 – consulté le 28-3-2024)

conformément à ce type de statue, il s'apparente à Priape, Mercure ou Bacchus, sans qu'on puisse vraiment trancher, le plus souvent. La logique de ces peintures est d'esquisser une silhouette qui signifie de manière symbolique, comme la porte et l'arbre, l'espace de frontière, le point de rencontre entre les divinités des confins et les humains qui s'y hasardent.

Dans notre image enfin, comme dans la majorité des paysages romains, la nature définit le cadre d'un espace, mais contient aussi, essentiellement, un discours sur le temps. Plusieurs temporalités sont à l'œuvre : le présent suspendu du berger gardant tranquillement ses bêtes ; le futur mouvementé annoncé par les détails qui définissent le mythe (que l'image ne représente pas, mais que le spectateur reconnaît comme un potentiel) ; le passé immédiat du passage des chasseurs qui témoignent de l'activité cultuelle du sanctuaire (Pâris n'accomplit aucun geste rituel).

Mais plus encore, c'est la permanence, intemporelle, de ce décor que traduit le mariage de l'arbre et de la porte. L'arbre, grand, majestueux, ancien, a poussé à travers elle, l'un et l'autre semblent aussi anciens que les montagnes à l'arrière-plan. Ce motif de l'arbre et de la porte est récurrent dans la peinture romaine de paysage : parfois, les constructions sont en ruine, ce qui peut exprimer que la nature végétale traverse les âges plus sûrement que les créations humaines, y compris celles qui définissent la part des dieux.

Ils n'en sont pas moins mortels, mais leur longévité plus ample que celle des hommes fait d'eux un lien entre les générations humaines. On le voit au début du *Traité des lois* de Cicéron (1.1-3), où les interlocuteurs du dialogue cherchent à Arpinum « le chêne de Marius », devenu légendaire. Mais si le vieil arbre qu'il trouve est un bon candidat pour être ce passeur d'histoire, les interlocuteurs de Cicéron, Atticus et Quintus, ont néanmoins conscience que c'est la tradition humaine, véhiculée par la littérature notamment – on pourrait ajouter par les arts visuels –, qui le pérennise et permet d'assurer une continuité qui dépasse encore la temporalité des végétaux, sans cesse renouvelés non pas dans leur identité, mais dans leur essence, comme l'olivier d'Athènes ou le palmier de Délos.

Dans la perspective romaine, ce sont ces éléments qui confèrent aux paysages leur intemporalité et font d'eux de véritables « chronotopes » :

ils étaient les mêmes dans le temps du mythe – avant la guerre de Troie, en remontant jusqu'à l'imaginaire de l'âge d'or. Les contempler en image, ainsi cadrés, idéaux, mais accessibles au présent aussi, permet de se représenter les humains à leur place, dans la nature, avec les dieux.

Stéphanie WYLER
Université Paris Cité, ANHIMA

ÉPILOGUE

LE CYCLE DE LA VIE

« Que serait la vie, quel plaisir y aurait-il sans Aphrodite aux cheveux d'or ? Puissé-je mourir quand je n'aurai plus à cœur un secret commerce amoureux, les présents doux comme miel, les plaisirs du lit. Les fleurs de la jeunesse doivent êtres cueillies avec empressement par les hommes et par les femmes. Mais quand la douloureuse vieillesse est survenue, elle qui rend semblables l'homme laid et le beau, sans cesse les fâcheux soucis rongent notre âme ; on n'a plus de joie à contempler l'éclat du soleil ; on est un objet d'aversion pour les jeunes gens, de mépris pour les femmes, tant la divinité a rendu affreuse la vieillesse.

Pour nous, comme les feuilles que fait pousser le printemps, lorsque s'accroît l'éclat du soleil, semblables à elles, nous jouissons des fleurs de la jeunesse, sans avoir appris des dieux où est le bien où est le mal. Mais voici que les sombres Moires se présentent à nous, nous apportant une misérable vieillesse et la mort. Nous jouissons peu de temps de nos jeunes années, de même que le soleil brille peu de temps sur la terre. Aussitôt qu'elles sont terminées, il vaut mieux mourir sur le champ que de continuer à vivre. Car mille maux assiègent notre âme ; parfois nous sommes ruinés et en proie à une douloureuse pauvreté ; un autre a perdu ses enfants, et c'est accablé de chagrin qu'il quitte la terre pour descendre aux enfers. Un autre a une maladie qui lui ôte la raison. Il n'est pas un homme auquel Zeus n'envoie mille maux.

Le plus beau des hommes, lorsque la saison aura changé, ne sera plus cher ni à ses enfants, ni à ses amis », Mimnerme, II-IV (traduction M. Humbert. Remacle).

Dans ces quelques vers, le poète grec élégiaque Mimnerme, du VIIe siècle avant notre ère, compare la douloureuse vieillesse à la décrépitude de la végétation, le cycle d'une vie humaine au cycle végétal. La beauté des humains comme celle des paysages naturels est courte et éphémère. Comment jouir de sa jeunesse et de l'éclat du soleil ? Dès lors, aussi, comment préserver le Vivant pour les générations à venir ?

ET LA RESPONSABILITÉ HUMAINE

> « Comme sous une rafale la terre entière s'assombrit, accablée, un jour de l'arrière-saison où Zeus verse du ciel son eau la plus violente, lorsque, dans son courroux contre les hommes, il les tourmente parce qu'ils font régner la force à l'agora en rendant des jugements tortueux et chassent loin d'eux la justice sans souci du respect dû aux dieux – et, tous leurs fleuves coulent à pleins bords ; alors les torrents ravinent les collines ; vers la mer bouillonnante ils roulent en gémissant longuement leurs eaux précipitées du sommet des montagnes, et c'est la perdition des ouvrages des hommes – ainsi les cavales troyennes gémissaient longuement dans leur course », *Iliade*, XVI, 384-393.

Dès l'épopée, la poésie met en scène des humains qui, par leurs actes, sont responsables des déchaînements de la nature, de violences qui les submergent et de dangers qu'ils doivent affronter. Les Anciens ont proposé des solutions sur lesquelles nous ne nous attarderons pas. Quelles seront les nôtres ?

Florence GHERCHANOC
Université Paris Cité, ANHIMA

BIBLIOGRAPHIE

ARCHIVES

Fonds Cahiers d'art, Archives de la Bibliothèque Kandinsky.

Databases : *LGPN-Ling. Analyse étymologique et sématique des noms de personne grecs antiques*, en ligne : https://lgpn-ling.huma-num.fr/exist/apps/lgpn-ling7/about.html (consulté le 09/04/2024).

RÉFÉRENCES BIBLIOGRAPHIQUES

AAVV, *Ambiente e paesaggio nella Magna Grecia*, Atti del XLII Convegno di studi sulla Magna Grecia, Tarente 2002, Tarente 2003.

Affergan, Francis, Borutti, Silvana, Calame, Claude, Fabietti, Ugo, Kilani, Mondhe, Remotti, Francesco. 2003. *Figures de l'humain. Les représentations de l'anthropologie*, Paris, Éditions de l'EHESS.

Agamben, Giorgio. 2015. *La guerre civile. Pour une théorie politique de la* stasis. Paris, Points.

Alonso Déniz, Alcorac. 2012. « Linguistic Notes on the Spartan ἀγωγή : βούα and βουαγός/βοαγός », *Glotta* 88, p. 9-30.

Arnaud, Pascal. 2020. « Aides à la navigation, pratique de la navigation et construction des paysages maritimes en Atlantique du Nord-Est : quelques éléments de réflexion », *Gallia* 77, 1, p. 29-43.

Attema, Peter A. J. 2008. « Mare e Montagne : il ruolo della valle dell'Astura durante la protostoria e l'epoca romana, alla luce delle recenti scoperte », in Cristina Corsi, Eugenio Polito (dir.), *Dalle sorgenti alla foce, il bacino del Liri-Garigliano nell'antichità, culture, contatti, scambi (Atti del Convegno, Frosinone – Formia 10-12 novembre 2005)*, Rome, Edizioni Quasar, p. 15-29.

Attia, Alexandra. 2022. « Chacun sa croix. Retour sur une énigme de l'iconographie grecque », in Thomas Daniaux et Véronique Dasen (éd.), p. 265-293.

Aujac, Germaine. 1972. « Les traités "sur l'Océan" et les zones terrestres », *REA*, 74, p. 74-85.

Aura Jorro, Francisco. 1985-1993. *Diccionario micénico* in Francisco R. Adrados (dir.), *Diccionario Griego-español. Annejo I : Diccionario micénico*, 2 vol., Madrid, Consejo Superior de investigaciones científicas, Instituto de Filologia.

Beagon, Mary. 1992. *Roman Nature. The thought of Pliny the Elder*, Oxford, Clarendon.

Benveniste, Émile. 1975. *Noms d'agent et noms d'action en indo-européen*, Paris, A. Maisonneuve [1re éd. 1948].

Bettini, Maurizio, Short, William M. 2013. « Introduzione », in *Con i Romani. Un'antropologia della cultura antica.* Bologne, Il Mulino, p. 7-21.

Biardeau, Madeleine, Malamoud, Charles. 1976. *Le sacrifice dans l'Inde ancienne.* Paris, Presses universitaires de France.

Blandenet, Maëlys. 2007. « Le poète paysan des *Géorgiques* : un homme de culture », *Bulletin de l'Association Guillaume Budé*, 2, p. 123-146.

Blandenet, Maëlys. 2016. « Rusticité et identité romaine à l'époque républicaine », *Vita Latina* 193-194, p. 29-44.

Blinkenberg, Christian. 1941. *Fouilles et recherches*, II. *Fouilles de l'acropole. Inscriptions*, Berlin, W. De Gruyter.

Bollack, Jean. 1969. *Empédocle II. Les origines*, Paris, Éditions de Minuit.

Bonandini, Alice. 2017. « *Ubi solitudinem faciunt, pacem appellant* », *Classico Contemporaneo* 3, p. 36-77.

Bonanno, Daniela, Bonnet, Corinne. 2018. *Uomo e ambiente nel mondo greco : premesse, risultati e piste di ricerca*, *Hormos-Ricerche di Storia Antica*, n.s. 10, p. 89-99.

Bonnet, Corinne, Belayche, Nicole, Albert Llorca, Marlène, Avdeeff, Alexis, Slobodzianek, Iwo (dir.). 2017. *Puissances divines à l'épreuve du comparatisme. Constructions, variations et réseaux relationnels*, Turnhout, Brepols.

Bonneuil, Christophe & Fressoz, Jean-Baptiste. 2016. *L'événement anthropocène. La Terre, l'histoire et nous*, Paris, Seuil (2e édition augmentée).

Bordes, Jean-Louis, Domergue, Claude. 2007. « À propos de la *ruina montium* de Pline l'Ancien : une lecture technique du site de Las Médulas (Léon, Espagne) », in Jean-Pierre Brun, Jean-Luc Fiches (dir.), *Énergie hydraulique et machines élévatrices d'eau dans l'Antiquité*, Naples, Publications du Centre Jean Bérard, p. 89-111.

Bottéro, Jean. 1998. *La plus vieille religion. En Mésopotamie*, Paris, Gallimard.

Bréhier, Émile, Schuhl, Pierre-Maxime. 1962. *Les Stoïciens*, Paris, Gallimard, Bibliothèque de La Pléiade.

Brown, Michael. 2003. *Prudentius'* Contra Symmachum, *Introduction, Translation and Commentary*, PhD, Newcastle upon Tyne http://theses.ncl.ac.uk/jspui/handle/10443/1010 (consulté le 18/03/2023)

Brulé, Pierre. 1995. « Un nouveau monde ou le même monde », in Pierre Briant (éd.), *Dans les pas des Dix-Mille, Pallas* 43, p. 3-20.

Brulé, Pierre. 2012. *Comment percevoir le sanctuaire grec. Une analyse sensorielle du paysage sacré*, Paris, Les Belles Lettres.

Buccheri, Alessandro. 2022. « L'histoire de la nature commence-t-elle avec les poèmes homériques ? Lire la *phusis* grecque à travers l'anthropologie de Philippe Descola », *Mètis* n.s. 20, p. 35-60.

Buccheri, Alessandro. 2024. *Penser les hommes à travers les plantes. Métaphores botaniques du corps et de la parenté dans la poésie grecque archaïque et classique*. Grenoble, Jérôme Millon.

Bureau, Bruno. 2017. « Prudence, *Contre Symmaque*, livre 2 [note bibliographique] », *Vita Latina* 195-196, p. 268-274.

Burkert, Walter. 2005. Homo necans. *Rites sacrificiels et mythes de la Grèce ancienne*, [Berlin, de Gruyter, 1972].

Calame, Claude. 1996. *L'Éros dans la Grèce antique*, Paris, Belin.

Calame, Claude. 2010. *Prométhée généticien. Profits techniques et usages de métaphores*, Paris, Les Belles Lettres.

Calame, Claude. 2015. *Avenir de la planète et urgence climatique. Au-delà de nature et culture*, Fécamp, Lignes (2e édition augmentée : *Humans and their Environment. Beyond the Nature/Culture Opposition*, Londres, Transnational Press, 2023).

Calini, Ilaria (dir.). 2024. *Les récits de destructions en Méditerranée orientale ancienne*, Paris, Classiques Garnier.

Canfora, Luciano. 1999. *Giulio Cesare. Il dittatore democratico*, Bari, Laterza.

Carrière, Jean. 1975. Théognis. *Poèmes élégiaques*. Traduction et commentaire, Paris, Les Belles Lettres.

Carvallo, Sarah et Macé, Arnaud (éd.). 2023. *Analogies et modèles végétaux en médecine*. Besançon, Presses Universitaires de Besançon.

Casevitz, Michel. 1999. « Le rôle de la nature dans l'histoire grecque », in Christophe Cusset (dir.), *La nature et ses représentations dans l'Antiquité*, Paris, Centre national de documentation pédagogique, p. 63-67.

Chantraine, Pierre. 1979. *La formation des noms en grec ancien*. Paris, Klincksieck.

Chantraine, Pierre. 2009. *Dictionnaire étymologique de la langue grecque. Histoires des mots*, 2e éd. avec suppléments par Alain Blanc *et al.*, Paris, Klincksieck.

Charpin, Dominique. 2013. « 2. "I Am the Sun of Babylon" : Solar Aspects of Royal Power in Old Babylonian Mesopotamia », in Jane A. Hill, Philip Jones et Antonio Morales (éd.), *Experiencing Power, Generating Authority :*

Cosmos, Politics, and the Ideology of Kingship in Ancient Egypt and Mesopotamia, Philadelphie, University of Pennsylvania Museum of Archeology and Anthropology, p. 65-96.

Cifani, Gabriele. 2020. *The Origins of the Roman Economy : from the Iron Age to the Early Republic in a Mediterranean Perspective*, Cambridge, Cambridge University Press.

Classen, Constance et Howes, David. 2006. « The Museum as Sensescape : Western Sensibilities and Indigenous Artifacts », in Elizabeth Edwards, Chris Gosden, Ruth B. Phillips (éd.), *Sensible Objects : Colonialism, Museums and Material Culture*, Londres, Bloomsbury Academic, p. 199-222.

Cornu, Marie, Orsi, Fabienne, Rochfeld, Judith (éd.). 2017. *Dictionnaire des biens communs*, Paris, PUF.

Costanza, Salvatore. 2019. *Giulio Polluce*, Onomasticon : excerpta de ludis. *Materiali per la storia del gioco nel mondo greco-romano*, Alessandria, Edizioni dell'Orso.

Crawford, Sally. 2009. « The Archaeology of Play Things : Theorising a Toy Stage in the "Biography" of Objects », *Childhood in the Past* 2, p. 55-70.

Crespo Losada, Manuel José. 2020. « Biblical hypotexts in Prudentius' *Contra Symmachum*. Case study of *C. Symm.* II, 95-96 », in Michele Cutino (éd.), *Poetry, Bible and Theology from Late Antiquity to the Middle Ages*, Berlin-Boston, De Gruyter, p. 321-335.

Croisille, Jean-Michel. 2010. *Paysages dans la peinture romaine. Aux origines d'un genre pictural*, Paris, Picard.

Curran, Leo C. 1975. « "Nature to Advantage Dressed" : Propertius 1.2 », *Ramus* 4-1, p. 1-16.

Dalzell, Alexander. 1996. *The Criticism of Didactic Poetry : Essays on Lucretius, Virgil, and Ovid*, Toronto, University of Toronto Press.

Daniaux, Thomas et Dasen, Véronique (éd.). 2022. *Dossier Locus Ludi : quoi de neuf sur la culture ludique antique ?, Pallas* 119.

Darthou, Sonia. 2019. « L'olivier, identité et rempart d'Athènes : un épisème de la cité ? », *Kernos* 32, p. 49-79.

Darthou, Sonia. 2020. *Athènes. Histoire d'une cité entre mythe et politique*, Paris, Passés composés.

Dasen, Véronique. 2011. « De la Grèce à Rome : Des jouets pour grandir ? », in Dorothée Charles, Bruno Girveau (dir.), *Des jouets et des hommes*, catalogue de l'exposition, Grand Palais, Galeries nationales 14 septembre 2011 – 23 janvier 2012, Paris, p. 53-59.

Dasen, Véronique. 2019 (dir.). *Ludique. Jouer dans l'Antiquité.* Catalogue de l'exposition, Lugdunum, musée et théâtres romains, 20 juin-1er décembre 2019, Gent, Snoeck.

Dasen, Véronique. 2020. « La royauté de l'enfant. À propos d'Héraclite et de pratiques ludiques enfantines en Grèce ancienne », in David Bouvier, Véronique Dasen (éd.), *Héraclite : Le temps est un enfant qui joue*, Jeu/Play/Spiel 1, Liège, Faculté des lettres et des sciences humaines, p. 97-123.

Dasen, Véronique, (dir.). 2024. *Antike Puppen. Zwischen Spiel und Ritual, Antike Welt* 2, p. 8-32.

Dasen, Véronique et O'Meara, Dominique. 2022. « Jeu et genre : le témoignage de Michel Psellos, *Philosophica Minora*, II, 19 », in Thomas Daniaux et Véronique Dasen (éd.), 2022, p. 491-509.

Daston, Lorraine. 2019. *Against Nature*, Cambridge-Massachussets-Londres, The MIT Press.

Dave, K. N. 2005. *Birds in Sanskrit Literature*, n. éd., Delhi, Motilal Banarsidass.

De Fornel, Michel et Lemieux, Cyril (dir.). 2007. *Naturalisme versus constructivisme ?* Paris, Éditions de l'EHESS.

Desanti, Lucetta. 2015. *La legge Aquilia. Tra* verba legis *e interpretazione giurisprudenziale*, Turin, Giappichelli.

Descola, Philippe. 2005. *Par-delà nature et culture*, Paris, Gallimard.

Descombes, Vincent. 1987. *Proust. Philosophie d'un roman.* Paris, Éditions de Minuit.

Détienne, Marcel. 1970. « L'olivier : un mythe politico-religieux », *Revue de l'Histoire des Religions* 3, p. 5-23.

Détienne, Marcel. 1979. « Pratiques culinaires et esprit du sacrifice », in Marcel Détienne, Jean-Pierre Vernant, 1979, p. 7-35.

Détienne, Marcel, Vernant, Jean Pierre (dir.). 1979. *La cuisine du sacrifice en pays grec*, Paris, Gallimard.

Dietrich, Nikolaus. 2010. *Figur ohne Raum ? Bäume und Felsen in der attischen Vasenmalerei des 6. und 5. Jahrhunderts v. Chr.*, Berlin New York, De Gruyter.

Dietrich, Nikolaus et Squire, Michael (dir.). 2018. *Ornament and Figure in Graeco-Roman Art. Rethinking Visual Ontologies in Classical Antiquity*, Berlin-New York, De Gruyter.

Di Mario, Francesco. 2007. *Ardea, la terra dei Rutuli, tra mito e archeologia : alle radici della romanità*, Nepi, Soprintendenza per i Beni Archeologici del Lazio.

Di Mario, Mario. 1994. *Terracina, urbs prona in paludes : osservazioni sullo sviluppo urbanistico della citta antica*, Terracine, Comune di Terracina.

Dittenberger, Wilhelm. 1892. *Inscriptiones Graecae Megaridis Oropiae Boeotiae*, Berlin, G. Reimer.

D'Onofrio, Salvatore. 2011. *Le Sauvage et son double*, Paris, Les Belles Lettres.

Durand, Jean-Louis. 1986. *Sacrifice et labour en Grèce ancienne*, Paris, Maspéro.

Durand, Jean-Marie. 1998. *Littératures anciennes du Proche-Orient 17 : Documents épistolaires du Palais de Mari (tome II)*, Paris, Éditions du Cerf.

Durand, Jean-Marie. 2000. *Littératures anciennes du Proche-Orient 18 : Documents épistolaires du Palais de Mari (tome III)*, Paris, Éditions du Cerf.

Dursi, Domenico. 2017. *Res communes omnium*, Naples, Jovene.

Ernout, Alfred et Meillet, Antoine. 1983-1984. *Dictionnaire étymologique de la langue latine. Histoire des mots*, 2. vol. Paris, Klincksieck.

Fedeli, Paolo. 2005. *Écologie antique. Milieux et modes de vie dans le monde romain*, Gollion, Infolio (tr. fr., 1re éd. *La natura violata. Ecologia e mondo romano*, Palerme, Sellerio, 1990).

Feiken, Hendrik. 2014. *Dealing with biases : three geo-archaeological approaches to the hidden landscapes of Italy*, Groningue, Barkhuis.

Ferrary, Jean-Louis. 2007. « Le droit naturel dans les exposés sur les parties du droit des traités de rhétorique », in Dario Mantovani, Aldo Schiavone (éd.), *Testi e problemi del giusnaturalismo romano*, Pavie, Pavia University Press, p. 75-94.

Fiorentini, Mario. 2019. « *Res communes omnium* e *commons*. Contro un equivoco », *Bollettino dell'Istituto di Diritto Romano* 113, p. 153-181.

Fitzpatrick, Andrew P. 2018. « L'enceinte d'Ebbsfleet sur l'île de Thanet (Kent). Un camp césarien en Angleterre », in Michel Reddé (éd.), *Les armées romaines en Gaule à l'époque républicaine. Nouveaux témoignages archéologiques*, Bibracte 28, Quétigny, Librairie archéologique, p. 273-284.

Foster, Benjamin R. 2005. *Before the Muses. An anthology of akkadian literature*, Rockville, Pennsylvania State University Press.

Fraser, Peter Marshall, Matthews Elaine. 2000. *A Lexicon of Greek Personal Names*, IIIb. *Central Greece from the Megarid to Thessaly*, Oxford, Clarendon Press.

Geldner, Karl Friedrich. 1951. *Der Rig-Veda aus dem Sanskrit ins Deutsche übersetzt und mit einem laufenden Kommentar versehen*, 3 vol., Cambridge, Mass.

Gerster, Béla. 1884. « L'Isthme de Corinthe : tentatives de percement dans l'antiquité », *Bulletin de correspondance hellénique* 8, p. 225-232.

Gibson, Roy K. 2003. *Ovid* Ars amatoria *book 3, edited with introduction and commentary*, Cambridge, Cambridge University Press.

Giedion, Sigfried. 1934. « Pallas Athénée ou le visage de la Grèce », *Cahiers d'art* 1-4, p. 77-80.

Gnade, Marijke. 2008. *Satricum : Trenta Anni Di Scavi Olandesi*, Amsterdam, Amsterdams Archeologisch Centrum, Università di Amsterdam.

Gosserez, Laurence. 2003. « La tempête dans les deux préfaces du Contre Symmaque de Prudence », in Michel Viegnes, *Imaginaires du vent*, Paris, Imago, p. 15-33.

Goukowsky, Paul. 2006. « Flottes antiques et marées subites dans l'Antiquité grecque », in Jacques Jouanna, Jean Leclant, Michel Zink (éd.), *L'homme face aux calamités naturelles dans l'Antiquité et au Moyen Âge*. Actes du 16e colloque de la villa Kerylos à Beaulieu-sur-Mer les 14 & 15 octobre 2005 (Cahiers de la Villa Kérylos 17), Paris, p. 73-117.

Grand-Clément, Adeline. 2023. *Au plaisir des dieux. Expériences du sensible dans les rituels en Grèce ancienne*, Toulouse, Anacharsis.

Grene, David. 1989. *The Peloponnesian War. The Complete Hobbes Translation, with introduction and notes*, Chicago, University of Chicago Press.

Gubbiotti, Sara. 2019. « Regolamento ateniese per la protezione degli alberi sacri a Apollo Erithaseos », in Axon. *Iscrizioni storiche greche*, 3,1, p. 94-108.

Guillaumin, Jean-Baptiste et Bernard, Gwladys. 2021. Aviénus. *Les rivages maritimes*, Paris, Les Belles Lettres.

Gury, Françoise. 2008. « Les perles et les *imperatores* : Caligula *in litore Oceani* (À propos de Suétone, Caligula 46 ; Dion Cassius 59, 25, 1-3 et Aurélius Victor, *Livre des Césars* 3, 11-12) », in Joëlle Napoli (éd.), *Ressources et activités maritimes des peuples de l'Antiquité, Actes du Colloque International de Boulogne-sur-Mer, 12-13 et 14 mai 2005*, Boulogne-sur-Mer, p. 401-426.

Hadjimichali, Angeliki. 1933. « L'art grec populaire », fonds « Cahiers d'art », Archives de la bibliothèque Kandinsky.

Hardin, Garret. 1968. « The Tragedy of the Commons », *Science* 162, p. 1243-1248.

Harper, Kyle. 2019. *Comment l'Empire romain s'est effondré. Le climat, les maladies et la chute de Rome*, Paris, La Découverte.

Herbaux, François. 2024. *Pythéas. explorateur du Grand Nord*, Paris, Les Belles-Lettres.

Holmes, Brooke. 2010. *The Symptom and the Subject. The emergence of the physical body in ancient Greece*, Princeton, Princeton University Press.

Hurlet, Frédéric. 2015. *Auguste. Les ambiguïtés du pouvoir*, Paris, Armand Colin.

Iribarren, Leopoldo et Koning, Hugo (éd.). 2022. *Hesiod and the Beginnings of Greek Philosophy*, Boston-Leyde, Brill.

Jamison, Stephanie, Brereton, Joel P. 2014. *The Rigveda. The earliest religious poetry of India.* 3 vol., Oxford, Oxford University Press.

Julhe, Jean-Claude. 2004. *La Critique littéraire chez Catulle et les élégiaques augustéens. Genèse et jeunesse de l'élégie à Rome (62 avant J.-C. – 16 après J.-C.)*, Louvain, Peeters.

Kaufmann, Thomas DaCosta. 2004. *Toward a geography of art*, Chicago, The University of Chicago Press.

Kéi, Nikolina. 2022. *L'esthétique des fleurs : kosmos, poikilia et kharis dans la céramique attique du* VI*e et du* V*e siècle av. n. ère*, Berlin-New York, De Gruyter.

Koch-Piettre, Renée. 2021. « Introduction », in Odile Journet, Danouta Liberski-Bagnoud (dir.), *Mémoires de la Terre. Études anciennes et comparées*, Grenoble, J. Million ("Horos"), p. 5-27.

Kovacs, Alexandra. 2022. *Refuser la nourriture carnée. Végétarisme et pratiques civiques en Grèce ancienne*, Bordeaux, Ausonius.

Laks, André. 2006. *Introduction à la « philosophie présocratique »*, Paris, Presses universitaires de France [trad. angl. par G. Most, *The Concept of Presocratic Philosophy : Its Origin, Development, and Significance*, Princeton, Princeton University Press, 2018].

Laks, André, Most, Glenn W. 2016. *Early Greek Philosophy*, Cambridge, Mass., Loeb Classical Library, Harvard University Press.

Lamberterie, Charles de (dir.). 2011. « Chronique d'étymologie grecque 13 », *Revue de Philologie, de littérature et d'histoire anciennes* 85, p. 335-366.

Lambert, Wilfred G. 1960. *Babylonian wisdom literature*, Oxford, Oxford University Press.

Lambrugo, Claudia. 2022. « Playing' with Stones. Stone Pebbles in the Greek World : Game Pieces, Tools, or Ritual Objects ? » in Véronique Dasen, Marco Vespa (éd.), *Toys as Cultural Artefacts in Ancient Greek, Etruscan, and Roman Cultures. Anthropological and Material Approaches*, éditions Mergoil, Dremil-Lafage, p. 129-140.

Leduc, Claudine. 1990. « Rêveries sur la Vierge à l'olivier », in Marie-Madeleine Mactoux, Évelyne Geny (dir.), *Mélanges Pierre Lévêque. Religion, Besançon, Annales Littéraires de l'Université de Besançon*, p. 259-275.

Le Guen-Pollet, Brigitte. 1991. *La vie religieuse dans le monde grec du ve au iiie siècle avant notre ère. Choix de documents épigraphiques traduits et comm*entés, Toulouse, Presses universitaires du Mirail.

Lejeune, Jean-François, Sabatino, Michelangelo. 2010. *Modern architecture and the Mediterranean : vernacular dialogues and contested identities*, Londres, Routledge.

Le Meur-Weissmann, Nadine. 2015. « Sens et emplois des termes *phusis* et *phua* chez Pindare », *Études platoniciennes* [en ligne] 12 : http://journals.openedition.org/etudesplatoniciennes/711 (consulté le 15/02/2024)

Leontis, Artemis. 1995. *Topographies of hellenism : mapping the homeland*, Londres, Cornell University Press.

Liddell, Henry George, Scott, Robert et Henry Stuart Jones. 1996. *A Greek-English Lexicon. With a revised supplement*, 9e éd., Oxford, Clarendon Press.

Lissarrague, François, Schnapp, Alain, Hosoi, Noémie, Zachari, Vasiliki. 2013. « Image et pensée chez les Grecs passées aux filtres des catégories modernes », *Images Re-vues* [Online], 11 (http://journals.openedition.org/imagesrevues/3086 – consulté le 18/03/2024).

Lloyd, Geoffrey E. R. 1990. *Origines et développement de la science grecque. Magie, raison, expérience*, trad. fr., Paris, Flammarion [1re éd., Cambridge, 1979].

Lloyd, Geoffrey E. R. 2012. Being, Humanity, and Understanding. Studies in Ancient Societies, Oxford, Oxford University Press.

Longo, Oddone. 1988. « Ecologia antica. Il rapporto uomo / ambiente in Grecia », *Aufidus* 6, p. 3-30.

Macé, Arnaud. 2012. *La naissance de la nature en Grèce ancienne*, in Stéphane Haber et Arnaud Macé (éd.), *Anciens et Modernes par-delà nature et société*. Besançon, Presses universitaires de Franche-Comté, p. 47-84.

Macé, Arnaud. 2013. *L'invention de la Nature en Grèce ancienne* [Mémoire d'HDR], Sorbonne, https://hal.science/tel-01947550 (consulté le 15/02/2024)

MacLachlan, Bonnie. 1993. *The Age of Grace. Charis in Early Greek Poetry*, Princeton, Princeton University Press.

McPhail, Cameron. 2014. « Pytheas of Massalia Route's of Travel », *Phoenix* 68, 3/4, p. 247-257.

Mader, Gottfried. 1988. « Ovid the Iconoclast : Argumentum and Design in *Ars*, 3.101-128 », *Latomus* 47-2, p. 365-375.

Mairet, Gérard. 2000. *Léviathan : ou Matière, forme et puissance de l'État chrétien et civil de Thomas Hobbes*, Paris, Gallimard.

Malamoud, Charles. [1976] 1989. « Village et forêt dans l'idéologie de l'Inde brahmanique », in Malamoud 1989, p. 93-114.

Malamoud, Charles. [1977] 1989. « La théologie de la dette dans l'idéologie brahmanique », in Malamoud 1989, p. 115-136.

Malamoud, Charles. 1989. *Cuire le monde. Rite et pensée dans l'Inde ancienne*, Paris, La Découverte.

Malamoud, Charles. 2021. « Vivant pilier. Remarques sur le poteau sacrificiel du rituel védique » in Stéphane Dugast, Dominique Jaillard, Irène Manfrini (éd.), Agalma *ou les figurations de l'invisible. Approches comparées*. Grenoble, Jérôme Millon, p. 449-461.

Malosse, Pierre-Louis. 1999. « Qu'est donc allé faire Constant Ier en Bretagne pendant l'hiver 343 », *Historia. Zeitschrift für Alte Geschichte* 48,4, p. 465-476.

Mancuso, Stefano. 2023. *Fitopolis, la città vivente*, Bari-Rome, Editori Laterza.

Manson, Michel. 2001. *Jouets de toujours. De l'Antiquité à la Révolution*, Paris, Fayard.

Martin, René. 1999. « Préface » de Christophe Cusset (dir.), *La nature et ses représentations dans l'Antiquité*, Paris, Centre national de documentation pédagogique, p. 7-8.

Mathis, Charles-François, Pépy, Emilie-Anne. 2017. *La Ville végétale. Une histoire de la nature en milieu urbain (France, XVIIe-XXIe siècle)*, Clamecy, Champ Vallon.

Maury, Jacqueline. 1943. *Muṇḍaka-Upaniṣad*. Traduction, Paris, J. Maisonneuve.

Minon, Sophie. 2021. « An Arcadian Man Called Ḅθις, or Rather Bóθις ? », in Georgios Giannakis *et al.* (dir.), *Synchrony and Diachrony of Ancient Greek : language, linguistics and philology. Essays in honor of Emilio Crespo*, Berlin-Boston, Brill, p. 63-72.

Montaigne, Michel de. 1580 [1932]. *Essais*, Paris, Les Belles Lettres.

Montaut, Annie. 2024. *Trois mille ans d'écologie indienne. Penser autrement la nature.* Paris, Seuil.

Naas, Valérie. 2013. « *Indicare, non indagare* : encyclopédisme contre histoire naturelle chez Pline l'Ancien ? », in Arnaud Zucker (éd.), *Encyclopédire : Formes de l'ambition encyclopédique dans l'Antiquité et au Moyen Âge*, Turnhout, Brepols, (Collection d'études médiévales de Nice, 14), p. 145-166.

Naddaf, Gérard. 1992. *L'Origine et l'évolution du concept grec de « phusis »*, Lewiston, The Edwin Mellen Press.

Nicolet, Claude. 1988. *L'Inventaire du Monde. Géographie et politique aux origines de l'Empire romain*, Paris, Fayard.

Nörr, Dieter. 1974. *Rechtskritik in der Römischen Antike*, Munich, C. H. Beck.

Orsi, Paolo. 1895. « Siracusa – Gli scavi nella necropoli del Fusco a Siracusa nel giugno, novembre e dicembre del 1893 », *Notizie degli scavi di antichità*, p. 109-192.

Palanque, Jean-Rémy. 1931. « Famines à Rome à la fin du IVe siècle », *Revue des Études Anciennes* 33, p. 346-356.

Pallasmaa, Juhani. 2009. « Space Place Memory and Imagination the Temporal Dimension of Existential Space », in Marc Treib, *Spatial recall : memory in architecture and landscape*, Londres, Routledge, p. 16-41.

Partoens, Gert. 1999. « 'Deus agricolam confirmat'. L'élaboration de la parabole du semeur dans les livres *contre Symmaque* de Prudence », in Jan den Boeft et Maria Laetitia van Poll-van de Lisdonk (éd.), *The Impact of Scripture in Early Christianity*, Leyde, Brill, p. 161-186.

Patel, Raj, et Moore, Jason W. 2018. *A History of the World in Seven Cheap Things : A Guide to Capitalism, Nature, and the Future of the Planet*, Oakland, University of California Press [trad. fr. par P. Vesperini : *Comment notre monde est devenu* cheap. *Une histoire inquiète de l'humanité*, Paris, Flammarion, 2018].

Patzer, Harald. 1993[2]. *Physis. Grundlegung zu einer Geschichte des Wortes*, Stuttgart, Steiner.

Pernin, Isabelle. 2014. *Les baux ruraux en Grèce ancienne : corpus épigraphique et étude*, Lyon, Maison de l'Orient et de la Méditerranée Jean Pouilloux (Travaux de la Maison de l'Orient 66).

Pikionis, Dimitris. 1935. « Topographie Sentimentale », *To trito mati* 2-3, p. 45-48.

Puhvel, Jean. 1964. « The meaning of Greek Βουκάτιος », *Z. vgl. Sprachforsch. Geb. Indoger. Sprachen* 79, p. 7-10.

Quilici Gigli, Stefania. 2020. « La Blanchère e il tema del "drainage profond des campagnes latines" », in Stéphane Bourdin, Alessandro Pagliara (dir.), *Marie-René de La Blanchère, dalle terre pontine all'Africa romana*, Rome, École française de Rome.

Radt, Stefan Lorenz. 1977. *Tragicorum Graecorum Fragmenta*, vol. 4, Göttingen, Vandenhoeck & Ruprecht.

Raynal, Maurice. 1934. « Triangulation de la Grèce », in Christian Zervos, *L'Art en Grèce des temps préhistoriques au début du XVIIIe siècle*, Paris, Éditions Cahiers d'art.

Reddé, Michel. 1979. « La navigation au large des côtes atlantiques de la Gaule à l'époque romaine », *MEFRA* 91, p. 481-489.

Renou, Louis. 1956. *Hymnes spéculatifs du Veda*. Paris, Gallimard/Unesco.

Richter, Gisela et Hall, Lindsley F. 1936. *Red-figured Athenian Vases in the Metropolitan Museum of Art*, New Haven-Londres, Yale University Press.

Rochberg, Francesca. 2016. *Before Nature : Cuneiform Knowledge and the History of Science*, Chicago, Chicago University Press.

Rossie, Jean-Pierre. 2019. « Les jeux des enfants de l'Afrique du Nord et du Sahara », in Dasen 2019, p. 115-117.

Rossie, Jean-Pierre. 2022. « Vegetal Material in Moroccan Children's Toy and Play Culture », in Véronique Dasen, Marco Vespa (éd.), *Toys as Cultural Artefacts in Ancient Greek, Etruscan, and Roman Cultures. Anthropological and Material Approaches*, Dremil-Lafage, Éditions Mergoil, p. 213-225.

Sahlins, Marshall. 2004. *Apologies to Thucydides. Understanding History as Culture and Vice Versa*. Chicago, The University of Chicago Press.

Sahlins, Marshall. 2009. *La nature humaine, une illusion occidentale. Réflexions sur l'histoire des concepts de hiérarchie et d'égalité, sur la sublimation de l'anarchie en Occident, et essais de comparaison avec d'autres conceptions de la condition humaine*. Paris, Éditions de l'éclat [1re éd. Chicago, 2008].

Saint Denis, Eugène de. 1941. « Les Romains et le phénomène des marées », *Revue de Philologie, de Littérature et d'Histoire anciennes* 15, p. 134-162.

Salviat, François, Tchernia, André. 2014. *Vins, vignerons et buveurs de l'Antiquité*, Rome, « L'ERMA » di Bretschneider.

Sassi, Maria Michela. 2007. « Ordre cosmique et "isonomia" : en repensant "Les origines de la pensée grecque" de Jean-Pierre Vernant », *Philosophie antique* 7, p. 191-215.

Schachter, Albert. 2016. *Boiotia in Antiquity. Selected Papers*. Préface par Hans Beck, Cambridge, Cambridge University Press.

Scheid, John. 1993. « *Lucus, nemus*. Qu'est-ce qu'un bois sacré ? », in Olivier de Cazanove et J. Scheid (dir.), *Les bois sacrés*, Naples, Publications du Centre Jean Bérard, p. 13-20.

Schiavon, Alvise. 2012. « Storia dei dogmi e individualità dei giuristi nell'interpretazione della categoria delle *res communes omnium* » in Christian Baldus, Massimo Miglietta, Gianni Santucci, Emanuele Stolfi, (dir.), *Dogmengeschichte und historische Individualität der römischen Juristen*, Trente, Università degli Studi di Trento, p. 593-634.

Schnapp, Alain. 1997. *Le chasseur et la cité, chasse et érotique dans la Grèce ancienne*, Paris, Albin Michel.

Scott, Lionel. 2022. *Pytheas of Massalia. Textes, Translation, and Commentary*, Londres-New-York, Routledge.

Sereni, Emilio. 1991. *Storia del paesaggio agrario italiano*, Bari-Rome, Editori Laterza.

Staal, Frits. 1990. *Jouer avec le feu. Pratique et théorie du rituel védique*, Paris, De Boccard.

Stépanoff, Charles. 2021. *L'animal et la mort. Chasses, modernité et crises du sauvage*, Paris, la Découverte.

Strauss, Leo. 1991. *La philosophie politique de Hobbes*, Paris, Belin [1re éd. 1936].

Talon, Philippe et Anthonioz, Stéphanie. 2019. *Littératures anciennes du Proche-Orient :* Enuma eliš. *Lorsqu'en haut*, Paris, Éditions du Cerf.

Thomas, Yan et Chiffoleau, Jacques. 2020. *L'istituzione della natura*, trad. et éd. M. Spanò, Macerata, Quodlibet.

Tribulato, Olga. 2015. *Ancient Greek Verb-Initial Compounds. Their Diachronic Development Within the Greek Compound System*, Berlin-New York, De Gruyter.

Trümpy, Catherine. 1997. *Unterschungen zu den altgriechischen Monatsnamen und Monatsfolgen*, Heidelberg, C. Winter.

Valette, Emmanuelle, Wyler, Stéphanie (dir.). 2017. *Le spectacle de la nature. Regards grecs et romains*, *Cahiers « Mondes anciens »* 9 : https://journals.openedition.org/mondesanciens/1872, consulté le 25-6-2022.

Vârtejanu-Joubert, Madalina (dir.). 2022. *Nature/natures. Approches anthropologiques*, *Mètis* n.s. 20, p. 12-112.

Vernant, Jean-Pierre. 1979. *À la table des hommes. Mythe de fondation du sacrifice chez Hésiode*, in Marcel Detienne, Jean-Pierre Vernant (dir.). 1979. p. 37-132.

Vernant, Jean-Pierre. [1957] 2007a. « La formation de la pensée positive en Grèce archaïque », in *Œuvres. Religions, Rationalités, Politique*, Paris, Seuil, p. 577-603.

Vernant, Jean-Pierre. [1968] 2007b. « Structure géométrique et notions politiques dans la cosmologie d'Anaximandre », in *Œuvres. Religions, Rationalités, Politique*, Paris, Seuil, p. 436-454.

Vespa, Marco. 2019a. « Jouer avec les animaux », in Véronique Dasen (dir.), *Ludique. Jouer dans l'Antiquité, Catalogue de l'exposition Lugdunum-musée et théâtres romains, 20 juin-1er décembre 2019*, Gen, Snoeck, p. 26-27.

Vespa, Marco. 2019b. « Jouer avec un chien », in Véronique Dasen (dir.), *Ludique. Jouer dans l'Antiquité, Catalogue de l'exposition, Lugdunum-musée et théâtres romains, 20 juin-1er décembre 2019*, Gent, Snoeck. 2019. p. 34-35.

Vesperini, Pierre. 2017. *Lucrèce. Archéologie d'un classique européen*, Paris, Fayard.

Vesperini, Pierre. 2023. « Qu'est-ce que les *logoi philosophoi* », *Revue de Synthèse* 144, 7e série, n° 3-4, p. 1-37.

Vottéro, Guy. 1993. « Milieu naturel, littérature et anthroponymie en Béotie à l'époque dialectale (VIIe-IIe s. av. J.-C.) », in Emilio Crespo *et al.* (éd.), *Dialectologica Graeca. Actas del II Coloquio Internacional de Dialectología Griega*, Madrid, Universidad Autónoma de Madrid, p. 339-381.

Waltz René. 1959. *Sénèque. Dialogues*, Tome IV, Paris, Les Belles Lettres.

Watson, Patricia. 1982. « Ovid and *cultus* : *Ars amatoria* 3.113-128 », *Transactions of the American Philological Association* 112, p. 237-244.

Whorton, James C. 2000. « Vegetarianism », in K. F. Kiple, K. C. Ornelas (éd.), *The Cambridge World History of Food*, 2 vol., Cambridge University Press, p. 1553-1564.

Zervos, Christian. 1933. « L'art grec », *Cahiers d'art* 3-4, p. 7-10.

INDEX DES NOMS

LES ANCIENS

LES MODERNES

RÉSUMÉS DES CONTRIBUTIONS

Maria Cecilia D'ERCOLE, Silvia D'INTINO, Florence GHERCHANOC, « Penser la Nature, entre passé et présent. En guise d'introduction »

Les recherches menées dans le Centre de recherche ANHIMA (Anthropologie et Histoire des Mondes Antiques) montrent la complexité des concepts et la multiplicité des approches antiques sur la nature, entendue comme espace physique, puissance dynamique, objet de spéculations et de dispositions juridiques, espace partagé des êtres vivants et de choses inanimées. Dans tous ces domaines, les relations de proximité et de distance entre mondes contemporains et sociétés du passé sont susceptibles d'apporter de nouveaux éclairages.

Alessandro BUCCHERI, « *Phusis* dans les premiers textes grecs. Pour une approche "émique" »

La traduction du mot grec *phusis* par la notion moderne de « nature » efface la multiplicité de ses usages et l'originalité des concepts qu'il désigne. Ces éléments ressortent en revanche d'une approche « émique », c'est-à-dire fondée sur les catégories culturelles propres aux textes grecs. Si le mot *phusis* désigne au départ la croissance des plantes et leur déploiement dans l'espace, celui-ci sert par la suite de modèle pour penser le développement du *kosmos*, du corps humain, des réseaux de parenté.

Cléo CARASTRO, « "*Tant que la nature humaine sera la même*". Nature humaine et contrat social chez Thucydide »

À rebours des interprétations modernes attribuant à Thucydide la conception d'une négativité de la nature humaine à opposer au contrat social, au Ve siècle *phusis* n'est pas un monde séparé du divin, mais plutôt une valeur phénoménologique et épistémologique se référant au monde visible. Chez Thucydide, la nature humaine est une dynamique observable dans une situation spécifique (*stasis*, épidémie ou guerre) de profonde perturbation du contrat social qu'il cherche à refonder sur de nouvelles bases.

Claude CALAME, « De la *phúsis* comme processus à la "nature" comme ressources. L'homme et son environnement »

La conception grecque d'une nature fondée sur le développement et sur la perméabilité entre l'homme et son milieu de vie ouvre deux perspectives critiques : interroger l'idée moderne d'une nature objectivée et reconnaître les rapports interactifs de l'homme avec son environnement. Une fois encore, les représentations offertes par les penseurs et poètes de la Grèce ancienne invitent à revisiter, de manière critique, nos propres paradigmes politiques, sociaux, économiques et culturels.

Leopoldo IRIBARREN, « Les débuts d'une science de la nature »

Comment la nature, *en tant que telle*, est-elle devenue un objet de connaissance en Grèce archaïque ? À partir des constructions théologiques et cosmogoniques des débuts (VIIe siècle av. n. è.), on montrera l'écart qui s'est produit au VIe siècle chez les penseurs milésiens – Thales, Anaximandre, Anaximène – par rapport à la tradition mythologique antérieure. La question de la « naturalisation » des origines de l'univers sera abordée conjointement à celle du processus de constitution d'un savoir autonome, celui des premiers « philosophes ».

Dario MANTOVANI, « De la tradition à la transition ? Nature, culture et juristes romains »

La justice dépend-elle de la nature ou des normes sociales ? À une époque où l'on parle avec insistance d'attribuer des droits à la nature, il est utile de réfléchir au rapport circulaire que la pensée juridique romaine instaure entre droit et nature. Le droit, dit-on, imite la nature : mais, à son tour, la nature est construite comme législatrice, c'est-à-dire comme source de droit. Mettre au jour cette relation symétrique peut éclairer certains dispositifs de la pensée juridique ancienne et, par ricochet, contemporaine.

Clara BERRENDONNER, « À qui appartient la nature ? La réflexion des juristes romains »

Un passage de Marcien, juriste d'époque sévérienne, à propos du statut juridique de l'air et des eaux, élabore une notion fondée sur un *ius naturale* : celle de *communia omnium*, à première vue, des biens communs à l'humanité. Sa réflexion a pu paraître comme une préfiguration des questionnements actuels sur l'environnement et les biens communs. Il est ainsi fondamental de replacer le passage dans son contexte, à savoir les débats des juristes romains sur la classification des *res* et sur le droit d'usage (*usus*).

Pierre VESPERINI, « La nature "culturelle" des Anciens. À propos de Lucrèce et d'Alexandrie »

Les théories contemporaines affirment que la notion de « nature », conçue comme un « en-dehors » du monde humain, un *environnement* au sens propre, est récente et propre à la civilisation occidentale, qu'on la fasse remonter à l'opposition chrétienne entre chair et esprit ou à la révolution cartésienne. Lucrèce, considéré comme le « poète de la nature » par excellence, peut offrir un « regard éloigné » sur notre imaginaire de la nature et, ce faisant, dépayser nos catégories.

Benoit ROSSIGNOL, « *Nec natura caret vitio*... L'histoire environnementale avec Prudence »

Dans son *Contre Symmaque* (vers 402), Prudence revient sur la controverse de 384 entre polythéistes et chrétiens à Rome. En s'opposant à l'idée de continuité prônée par les pratiques polythéistes, les arguments de l'auteur chrétien sur la crise agraire de 380 reposent sur l'observation empirique de l'environnement et sur des propositions métaphysiques qui attribuent à la *natura* des lois immuables et intangibles. Les conceptions et l'usage de la nature dans cette controverse religieuse sont ainsi formulés d'une manière nouvelle.

Alain SCHNAPP, « Pourquoi manger des êtres animés ? La chasse, le sacrifice et la violence »

Le sacrifice et la chasse sont des piliers de l'ordre de la cité grecque antique et l'usage qui est fait des animaux est inséparable des pratiques collectives qui fondent la *polis*. La critique de l'inflation des viandes dans le régime alimentaire, montre que la cité est aussi un monde qui doit rester habitable tant pour les hommes que pour les animaux. Cela conduit à réfléchir à la notion d'*oikeiosis*, sur les interdits et sur la place des animaux dans l'ordre du monde.

Silvia D'INTINO, « Éloge de Dame Forêt. Sur un hymne du *Ṛgveda* »

Parmi les hymnes spéculatifs du *Ṛgveda*, on trouve une louange adressée à Dame-Forêt, *Aranyāṇī*. Cette apparition de la forêt divinisée et féminisée désigne un espace naturel opposé au village, espace inconnu et redoutable, où le poète se meut avec crainte : les chants des oiseaux, les voix et les bruits connus prennent des nuances ambigües, voire inconnues. Toutefois, aux deux dernières strophes de l'hymne, le paysage redevient amical et accueillant : Dame Forêt offre des fruits à loisir, du repos sans labeur ; « mère des animaux », elle se confond à présent avec la terre généreuse et fragrante.

Laura DÉCHERY, « Adaptation au milieu "inhospitalier". Le littoral marécageux du Latium méridional (Italie) »

Exemple de l'effort humain pour s'adapter à des milieux inhospitaliers, l'occupation des littoraux marécageux entre Latium et Campanie à l'époque préromaine est fondée à la fois sur l'élevage et l'agriculture. Les cultures ont été limitées à des aires choisies, levées ou terrasses marines ; les constructions conviennent aux terrains humides, occasionnellement inondés. L'interdépendance des habitants et de leur milieu naturel se traduit même dans le culte de divinités proches de la nature et de l'eau, comme Circé ou la nymphe Marica.

Maria Cecilia D'ERCOLE, « Outrage et châtiment. Transformer le milieu naturel dans l'antiquité grecque et romaine »

La quête des ressources, l'exploitation des terres, les exigences de la mobilité encouragent les interventions des Anciens sur le milieu naturel. Pline décrit la technique de la *ruina montium*, la désagrégation des montagnes ; la percée d'un canal et même l'abattage des arbres sont autant de transformations souvent perçues, par les Grecs et par les Romains, comme des actes d'arrogance, voire de violation d'un ordre qui n'appartient pas entièrement aux êtres humains. Entre prouesse technique et sacrilège, on perçoit une résonance des contradictions contemporaines vis-à-vis du milieu naturel.

Yann RIVIÈRE, « *Natura Oceani*. Les Romains et les marées océaniques »

Révélé par le traité *Sur l'Océan* de Pythéas, le phénomène de la marée a été expliqué par les géographes grecs, puis connu grâce à la conquête romaine : César eut à tenir compte du flux et du reflux en Lusitanie ou lors des deux traversées vers l'île de Bretagne. Plus tard, Pline l'Ancien parvint à expliquer le rythme diurne, mensuel et annuel de « la mer extérieure », lorsqu'elle « s'approche » (*accedere*) et « revient en arrière » (*reciprocare*). Ce progrès n'a pourtant jamais ôté le caractère de *prodigium* à « la nature de l'Océan ».

Thibaud NICOLAS, « Le Soleil et la steppe. Entre nature et culture en Mésopotamie ancienne »

L'étude d'un hymne au dieu Šamaš – identifié avec le Soleil – du IIe millénaire av. J.-C. montre que ce dernier était perçu comme une puissance naturelle majeure, agissant sur le climat et sur les moissons. Mais le dieu-soleil reste aussi un dieu « culturel », garant de la justice et de la royauté, qui crée un parallèle entre monde humain et monde divin, monde culturel et monde naturel. Cette tension se perçoit jusque dans les activités économiques d'un sanctuaire de Šamaš : en possédant bêtes, champs, terres, le dieu est « maître et possesseur de la nature ».

Matilde GARRÉ et Sophie MINON, « *Les travaux et les jours*. Le radical du nom du bœuf dans l'onomastique de la Béotie antique »

L'onomastique de la Béotie antique indique que la *nature* n'était pas une idée abstraite, mais plutôt conçue en fonction des manifestations concrètes du quotidien. Dans l'environnement naturel, le bœuf jouait un rôle majeur, de l'agriculture à la vie religieuse, comme dans la pratique du sacrifice. La conception de la *nature* chez les anciens Béotiens ressort ainsi de l'analyse des différentes formes du radical du nom βοῦς « bœuf » dans l'anthroponymie, dans le nom du mois Βουκάτιος, enfin dans l'ethnique Βοιωτοί, révélateur de l'importance de cet animal dans l'écologie ancienne de la région.

Sonia DARTHOU, « L'olivier, l'arbre politique d'Athènes »

Symbole de la puissance d'Athéna et du destin de la *polis*, l'olivier occupe une place centrale dans le mythe de fondation qui enracine les Athéniens sur leur territoire. Il affiche des qualités politiques telles que la fertilité, la force, la résistance et la renaissance ; il représente à la fois la cité et le citoyen. Gravé sur les monnaies, inscrit sur la porte des maisons à la naissance d'un nouveau-né mâle, invoqué dans le serment des éphèbes, apposé sur les boucliers des citoyens-soldats, l'olivier personnifie ainsi, entre mythe et histoire, l'identité d'Athènes.

Marion FAURE, « Rome au naturel ? Paradoxes poétiques d'Ovide entre nature et… parure »

Si de nombreux écrits de la fin de la République et des débuts de l'Empire présentent une image positive de la frugalité (*rusticitas*), un passage de l'*Art d'aimer* d'Ovide vante en revanche les bienfaits de la culture. Le *cultus* désigne à la fois la culture de la vigne et le soin apporté à la parure dans la Rome contemporaine. On dégage ainsi la place de la nature dans cette Rome riche et élégante, en comprenant comment le motif de la *rusticitas*, retravaillé par Ovide, s'articule à la thématique de la parure artificielle.

Eleni STAVROULAKI, « La nature comme facteur de permanence artistique. Le cas de la revue *Cahiers d'art* »

Dans les années 1930, la critique d'art renouvelle son intérêt pour les traditions culturelles méditerranéennes et la géographie de l'art (*Kunstgeographie*) prend un essor incontestable. L'idée émerge que la géologie et le climat ont généré les mêmes spécificités formelles et culturelles pour chaque région. Dans ce contexte Christian Zervos, fondateur des *Cahiers d'art*, privilégie l'influence de l'environnement sur l'art pour aboutir à un « déterminisme environnemental » de l'art grec, protohistorique et classique.

Nikolina KÉI, « Les espaces fleuris de la céramique attique, du *kosmos* à la *kharis* »

Pour les peintres attiques, la représentation de la nature est tributaire de la narration visuelle centrée sur la présence humaine ou divine. Les fleurs, très présentes sur les vases des VIe et Ve siècle avant notre ère, sont abstraites et stylisées : elles suggèrent la beauté juvénile, l'éclat et le désir. L'examen de trois vases attiques du Ve siècle, respectivement attribués au Peintre de Pénélope, au Peintre de Géras et à Hermonax, prouve que les propriétés des fleurs sont surtout figuratives et sémantiques.

Véronique DASEN, « La nature en jeu »

Les auteurs anciens décrivent des jeux spontanés avec des cailloux, du sable, de l'eau et toutes sortes de matériaux organiques végétaux ou animaux (bois, paille, noix, cuir, osselets…) qui sont souvent invisibles pour l'archéologue. Des anecdotes révèlent la capacité qu'ont les enfants grecs et romains de détourner des éléments naturels pour transformer leur usage, ainsi que les contiguïtés entre jeu et apprentissage de rites, qui inscrivent l'inventivité enfantine dans la dynamique religieuse communautaire.

Stéphanie WYLER, « Un berger dans la montagne. La place de la nature dans les peintures romaines de paysage »

Partant de l'analyse d'un tableau pompéien (aujourd'hui au Musée archéologique Nationale de Naples, inv. 9508) représentant un sanctuaire de confins, « en pleine nature », où un berger garde son troupeau devant un sanctuaire rustique, on s'interroge sur la manière dont les Romains mettent en images un discours sur les relations entre la nature, les dieux, les hommes et le temps, un discours qui implique plusieurs niveaux d'interprétation.

Florence GHERCHANOC, « Épilogue »

Comment préserver le Vivant pour les générations à venir ? Pour les Anciens, la part des dieux dans ce processus est souvent importante. Ils ont apporté leurs solutions. Mais quelles seront les nôtres ?

TABLE DES MATIÈRES

DEUXIÈME PARTIE

NATURE ET DROIT, SOCIÉTÉS, RELIGION

TROISIÈME PARTIE

INTERAGIR AVEC LA NATURE

QUATRIÈME PARTIE

DE LA NATURE AU SYMBOLE

CINQUIÈME PARTIE

NATURE ET *MIMESIS*

COLLECTION
« KAÏNON – ANTHROPOLOGIE
DE LA PENSÉE ANCIENNE »

La collection « Kaïnon » privilégie les approches innovantes (historiques, philosophiques, archéologiques, philologiques), s'appuyant sur la plus grande variété de documents (textes, objets, images), et concernant les diverses constructions culturelles (matérielles, intellectuelles, artisanales) constitutives de la Méditerranée antique. Elle accueille aussi bien les monographies que les actes de colloques ou les ouvrages collectifs.

Retrouvez tous les titres de la collection en scannant ce code QR :

Et pour recevoir nos dernières actualités, abonnez-vous ici :

IMPRIM'VERT®

Achevé d'imprimer par Corlet,
Condé-en-Normandie (Calvados),
en Janvier 2025
N° d'impression : 186683 - dépôt légal : Janvier 2025
Imprimé en France